ねこの駅長《えきちょう》たま

びんぼう電車《でんしゃ》をすくったねこ

たま電車《でんしゃ》には101匹《ぴき》のたまが!?

ニタマ＆たま

ねこの駅長《えきちょう》たま

びんぼう電車《でんしゃ》をすくったねこ

小嶋光信《こじまみつのぶ》・作
永地《えいち》・挿絵

角川つばさ文庫

もくじ

プロローグ……6
❶ 駅《えき》で生《う》まれた子《こ》ねこ……11
❷ 大《だい》好《す》きな駅《えき》がなくなる……29
❸ 運《うん》命《めい》の出《で》会《あ》い……38
❹ 世《せ》界《かい》で初《はじ》めて!? ねこの駅《えき》長《ちょう》……53
❺ 気《き》がつけば人《にん》気《き》者《もの》……63

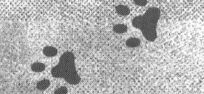

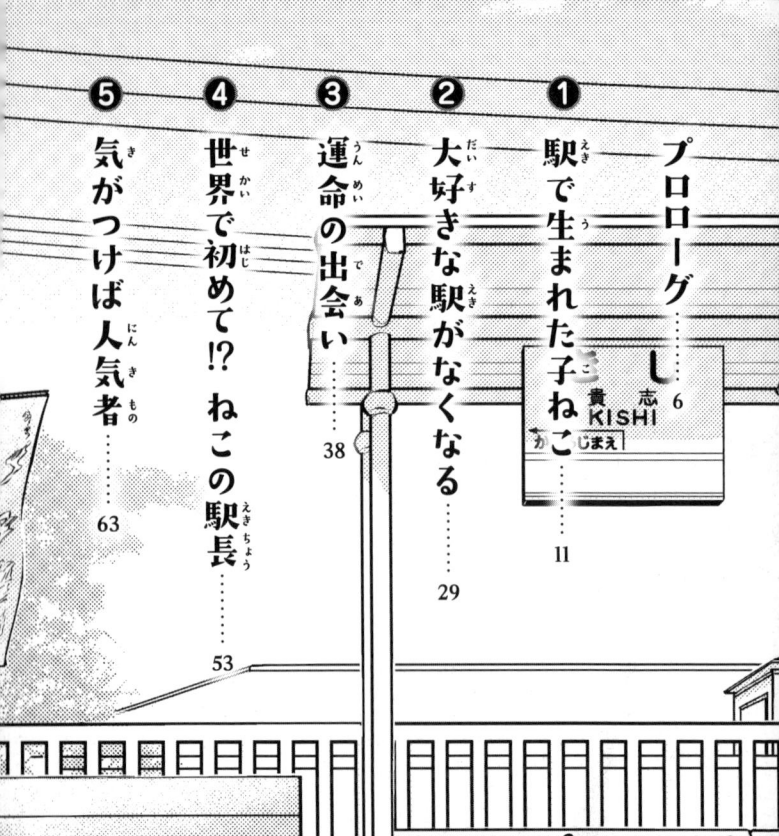

6 さようなら、ママ……86
7 悲《かな》しみの次《つぎ》に来《く》るもの……97
8 未来《みらい》にしあわせのバトンを……107
9 いつまでもこの駅《えき》で……130
エピローグ……154
あとがき……157

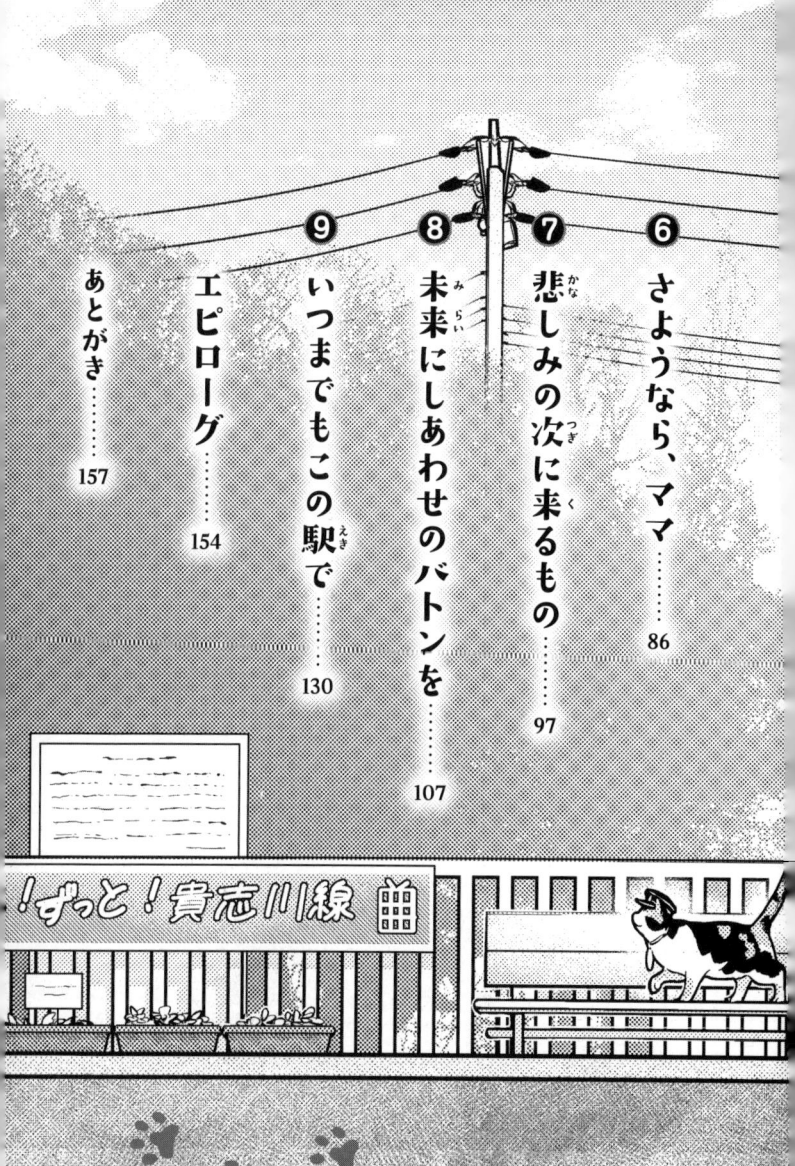

この本《ほん》に登場《とうじょう》するどうぶつと人間《にんげん》たち

ミーコママ

たまを産《う》んだ、ねこのママ。
優《やさ》しいけど、おこるとこわい。
駅長《えきちょう》をがんばる、たまの味方《みかた》。

たま

貴志駅《きしえき》で生《う》まれて、駅《えき》で育《そだ》ったねこ。
駅《えき》と電車《でんしゃ》とお客《きゃく》さんが大好《だいす》き。
ある日《ひ》、ねこの駅長《えきちょう》になることに!?

ちび

小《ちい》さいときに、びしょぬれで
冷《つめ》たくなっていたところを拾《ひろ》われ、
たまが命《いのち》を助《たす》けた、ちびねこ。
たまの妹分《いもうとぶん》。

ニタマ

たまの初《はじ》めてのねこの部下《ぶか》。
たま駅長《えきちょう》にあこがれて、
仕事《しごと》を覚《おぼ》えるためにがんばる。

社長《しゃちょう》

たまを駅長《えきちょう》にした、
びんぼうな鉄道《てつどう》の社長《しゃちょう》さん。

おまっちゃん

しっぽをふりふりしながら、
おしゃべりするのが大好《だいす》きな、
たまと仲良《なかよ》しのセキレイ。

お母《かあ》さん

たまを育《そだ》てた、
駅《えき》の売店《ばいてん》にいるおばさん。
たまの人間《にんげん》のお母《かあ》さん。

レオ

たこ焼《や》き屋《や》さんにいる、
たまの仲良《なかよ》しの犬《いぬ》。女《おんな》の子《こ》。

プロローグ

「おはよう、たま」

「たまちゃん、おはよう」

大《おお》きな桜《さくら》の木《き》の下《した》を制服姿《せいふくすがた》の男《おとこ》の子《こ》や女《おんな》の子《こ》が走《はし》りぬけていく。

「お、たま、今日《きょう》もごくろうさん」

仕事《しごと》に出《で》かけて行《い》くおじさんやおばさんも、みんなわたしに声《こえ》をかけてくれる。

「にゃんご、にゃんご。みんな、おはよう」

わたしも大《おお》きな声《こえ》であいさつをする。なんでかな、この駅《えき》にやってくる人《ひと》たちはみんなやさしくてあったかい。いつだって、ニコニコ笑《わら》っている。

トコトコ、ゴトゴト、緑《みどり》いっぱいの山《やま》の中《なか》を走《はし》り、いちご畑《ばたけ》の間《あいだ》を走《はし》り、二両編成《りょうへんせい》の小《ちい》

さな電車《でんしゃ》が駅《えき》に入《はい》ってきて、みんなを乗《の》せていく。

「たま、いってきます。また夕方《ゆうがた》にね」

「いってらっしゃーい！　みんな気《き》をつけてね」

大好《だいす》きな町《まち》の人《ひと》たちを乗《の》せた電車《でんしゃ》が見《み》えなくなるまで見送《みおく》ってから、ゆっくり大《おお》きくのびをした。

「うーん、いい気持《きも》ち」

ポカポカのお日《ひ》さま。ふわふわと綿菓子《わたがし》みたいなピンク色《いろ》の花《はな》の向《む》こうに春《はる》の空《そら》が見《み》える。わたしは大好《だいす》きな桜《さくら》の木《き》に登《のぼ》って深呼吸《しんこきゅう》をする。どこまでも続《つづ》く背《せ》の低《ひく》い山々《やまやま》、遠《とお》くに見《み》えるいちご畑《ばたけ》。和歌山県《わかやまけん》の山《やま》の中《なか》を走《はし》る貴志川線《きしがわせん》の終着駅《しゅうちゃくえき》がわたしの家《いえ》、貴志駅《きしえき》。

「チュ、チチチチ、たま、おはよう」

青空《あおぞら》に小《ちい》さな黒《くろ》い点《てん》が現《あらわ》れて近《ちか》づいてきた。

「あ、おまっちゃん！　おはよう」

おまっちゃんはセキレイの女《おんな》の子《こ》。この駅《えき》が大好《だいす》きで、お天気《てんき》のいい日《ひ》にはこうして遊《あそ》びに来《き》てくれる。わたしの知《し》らない、駅《えき》の外《そと》の世界《せかい》の話《はなし》を聞《き》かせてくれる大切《たいせつ》な友達《ともだち》。

「もうすぐ電車《でんしゃ》が到着《とうちゃく》するよ。今日《きょう》はいつもより、もっとたくさんのお客《きゃく》さんが乗《の》っているよ」

わたしはあわてて、ぺろぺろ顔《かお》を洗《あら》う。

「どう？　美人《びじん》になった？」

「うん、ばっちり！」

小《ちい》さな小《ちい》さな町《まち》の、小《ちい》さな小《ちい》さな駅《えき》だから、朝《あさ》のラッシュが過《す》ぎたら、みんなが帰《かえ》ってくる夕方《ゆうがた》まで人《ひと》の姿《すがた》はほとんどなくて、ちょっとさびしいような静《しず》かな時間《じかん》が過《す》ぎていく。

それが、この駅《えき》の毎日《まいにち》だった……ほんの少《すこ》し前《まえ》までは、ね。

でも今《いま》は？

今《いま》はちょっと違《ちが》うんだ。

トコトコ、ガタンゴトン。

「わあ、きれいな桜《さくら》！」

「かわいい駅《えき》だねえ」

駅長
たま
KISHI EKI

女《おんな》の人《ひと》、男《おとこ》の人《ひと》、お年《とし》より、若《わか》い人《ひと》、子供《こども》たち。初《はじ》めて出会《であ》う人《ひと》たちが駅《えき》に降《お》りてくる。

「たまちゃ〜ん」

「たま駅長《えきちょう》はどこ？」

そうなの、この駅《えき》を訪《たず》ねてくるお客《きゃく》さんたちのいちばんのお目当《めあ》ては、なんとわたし！

「こんにちは。ようこそ貴志駅《きしえき》へ！」

ちょっぴり恥《は》ずかしいけど、がんばって大《おお》きな声《こえ》と、とびきりの笑顔《えがお》であいさつする。

だって、それがわたしのお仕事《しごと》だから。

そう、わたしはこの駅《えき》の駅長《えきちょう》さん。

ねこの駅長《えきちょう》さんって、ちょっとびっくりしちゃうでしょ。

本当《ほんとう》のことを言《い》うとわたしだってまだ信《しん》じられない。

どうして、わたしが働《はたら》くねこになったのか、駅長《えきちょう》さんになったのか、それはね、とっても素敵《すてき》なお話《はなし》なんだ。

1 駅《えき》で生《う》まれた子《こ》ねこ

わたしは駅《えき》で生《う》まれたねこ。

わたしのママは捨《す》てねこだった。寒《さむ》さで震《ふる》えていた小《ちい》さなママを拾《ひろ》ってくれたのは駅《えき》のお掃除《そうじ》をしてくれるおじさん。貴志駅《きしえき》には貴志川線《きしがわせん》で働《はたら》く人《ひと》たちが休《やす》んだり、仕事《しごと》をしたり、掃除《そうじ》の道具《どうぐ》をしまったりする事務所《じむしょ》があったから、おじさんはそこにママを連《つ》れてきて育《そだ》ててくれた。

駅《えき》の隣《となり》には小《ちい》さな売店《ばいてん》があって、やさしいおばさんが働《はたら》いている。

ママはこのお店《みせ》とおばさんが大好《だいす》きで、一日《いちにち》のほとんどをそこで過《す》ごしていた。

そして、春《はる》が来《き》てわたしたちが生《う》まれた。わたしと三匹《びき》のお兄《にい》ちゃん、お姉《ねえ》ちゃんたち。

「わ！　ミーコ、この頃太《ごろふと》ったと思《おも》っていたら、おまえお母《かあ》さんになったのか！」

作業用《さぎょうよう》の黄色《きいろ》い電車《でんしゃ》の近《ちか》くで、ミイミイ鳴《な》いていたわたしたちを見《み》つけたおじさんはびっくり。

「まあ、どうしましょう。ここじゃあ、雨《あめ》に濡《ぬ》れちゃうわね」

売店《ばいてん》のおばさんがわたしたちのためにきれいなベッドを用意《ようい》して、お店《みせ》の屋根《やね》の下《した》に置《お》いてくれた。

「ミーコも子《こ》ねこたちもよくなついているし、ここにいた方《ほう》がしあわせそうだな。ミーコの飼《か》い主《ぬし》になってくれるかい」

「そうね、この子《こ》たち全部《ぜんぶ》を飼《か》うことはできないから、家族《かぞく》になってくれる人《ひと》を探《さが》さないといけないけど……ミーコはうちの子《こ》になったらいいわ」

こうして、ママは売店《ばいてん》のねこになり、わたしたち兄妹《きょうだい》もこの駅《えき》で育《そだ》つことになった。

わたしたちが売店《ばいてん》の前《まえ》で遊《あそ》んでいると、お客《きゃく》さんたちが集《あつ》まってくる。

「おばちゃん、子《こ》ねこかわいいね。さわってもいい」

「いいわよ。驚《おどろ》かさないようにそうっとね」

「かわいいなあ。うちのねこにしたいなあ」

「実《じつ》はね、この子《こ》たちの家族《かぞく》になってくれる人《ひと》を探《さが》しているのよ」

「本当《ほんとう》！　ぼくお家《うち》の人《ひと》に聞《き》いてくるよ」

「どの子《こ》にしようかなあ」

お兄《にい》ちゃんとお姉《ねえ》ちゃんは次々《つぎつぎ》に新《あたら》しい家族《かぞく》にもらわれていった。でも、いつまでたってもわたしを連《つ》れて帰《かえ》ってくれる人《ひと》は現《あらわ》れない。

「この子《こ》だけ色《いろ》がちがうね。ひよひよしていて、なんだかネズミみたいだね」

お兄《にい》ちゃんもお姉《ねえ》ちゃんも、ママとそっくりで薄茶色《うすちゃいろ》にシマシマ模様《もよう》のキジトラねこで、とってもかわいかった。でも、わたしだけはみんなと似《に》ていない。小《ちい》さい頃《ころ》のわたしは、毛《け》の色《いろ》が薄《うす》くて、ぼやぼやした灰色《はいいろ》のかたまりみたいだったの。

「なにをやってもノロマだし、かわいくないし……。わたしって、誰《だれ》からも欲《ほ》しがられないねこなのかな」

だんだん悲《かな》しくなってきて、ポロンとこぼれそうな涙《なみだ》を飲《の》み込《こ》んだとき、ママがそばに来《き》た。

「おばかさんね。ママはおまえが大好《だいす》きよ」

ママはわたしの体《からだ》をペロペロなめてくれる。

「あんまりかわいいから、きっと神様《かみさま》がママのところに残《のこ》しておいてくれたのよ」

「でもでも、大《おお》きくなったら出《で》て行《い》かなくちゃいけないんでしょ？　わたし、この駅《えき》が大《だい》好《す》きだけど、ずっとここにいても大丈夫《だいじょうぶ》なのかな」

「お母《かあ》さんに頼《たの》んでみましょう。きっとここに置《お》いてくれる」

ママは売店《ばいてん》のおばさんのことを「お母《かあ》さん」って呼《よ》んでいた。

「お母《かあ》さん、この子《こ》もうちの子《こ》にしてあげて」

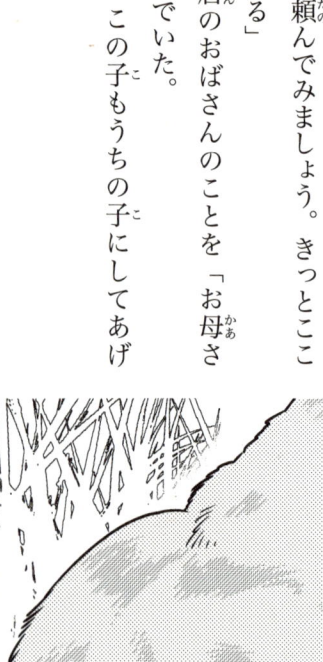

ママがおばさんに向《む》かってミャアって鳴《な》いたら、おばさんは言《い》った。

「やれやれ、おまえは本当《ほんとう》にのんびりやさんだねえ。ボーッとして、おっぱいを飲《の》むのもいつも最後《さいご》だったし、大《おお》きくなってもご飯《はん》はみんなにとられてばかり……。とてもひとりでは生《い》きていけそうにないね」

それからおばさんはしゃがんでわたしの目《め》をのぞきこんだ。

「おまえ、うちの子《こ》になる？　ミーコとおばさんといっしょに暮《く》らす？」

もちろん、わたしはすぐに返事《へんじ》した。

「ミャア、ミャア、ここの子《こ》になる、なる、なる〜！」

「それじゃあ、今日《きょう》からわたしがおまえのお母《かあ》さんだよ」

わたしはしっぽもおヒゲもピンと立《た》てて、「お母《かあ》さん」になったおばさんの足《あし》にスリスリと体《からだ》をこすりつけた。ママもとっても嬉《うれ》しそう。

「ああ、よかった。これでひと安心《あんしん》。わたしがママで、お母《かあ》さんはわたしとおまえのお母《かあ》さんで……ちょっとややこしいけど、ねこのママと人間《にんげん》のお母《かあ》さんの両方《りょうほう》がいるなんて、おまえはしあわせなねこだね！」

「ミャンゴ、ミャンゴ！　わたしはしあわせなねこなの」

その時《とき》から、わたしは「たま」っていう名前《なまえ》をもらって、この駅《えき》のねこになった。


人間《にんげん》のお母《かあ》さん、ミーコママ、お客《きゃく》さんたち……みんなに見守《みまも》られてわたしはどんどん大《おお》きくなった。

もしゃもしゃと混《ま》ざってネズミみたいに見《み》えた毛《け》の色《いろ》は大《おお》きくなるうちにきれいな三色《しょく》に分《わ》かれてきた。

「こんなくっきりきれいな三毛猫《みけねこ》はなかなかいないよ」

「この子《こ》は縁起《えんぎ》がいいよ」

お店《みせ》に来《く》るお客《きゃく》さんたちが口々《くちぐち》にほめてくれる。

「たまはきっと、お店《みせ》にも駅《えき》にも幸運《こううん》を運《はこ》んでくれる神様《かみさま》のおつかいね」

人間《にんげん》のお母《かあ》さんはそう言《い》って、やさしくブラッシングしてくれる。

「たまはいいなあ。お母《かあ》さんがふたりもいて、いつもみんなといっしょで」

ランドセルをしょった小学生《しょうがくせい》がわたしをのぞきこむ。

「ぼくの家族《かぞく》はみんなお仕事《しごと》に行《い》ってるから、家《いえ》に帰《かえ》ってもひとりぼっちなんだよ」

「ミャア、さびしくなったらいつでも遊《あそ》びに来《き》て」

お母《かあ》さんもミーコママも言《い》う。

「たまもさびしがりやさんだから、みんなが遊《あそ》びに来《き》てくれると嬉《うれ》しいのよ」

「大歓迎《だいかんげい》だにゃあ」

「ありがとう、たま、ミーコ」

わたしたちの家《いえ》には、いつもいろんな人《ひと》が集《あつ》まってくる。ここはみんなが集《あつ》まるあたたかな場所《ばしょ》。そう思《おも》うとなんだかとても嬉《うれ》しくなっちゃう。やさしい人間《にんげん》のお母《かあ》さんと、明《あか》るくて楽《たの》しい美人《びじん》ママ、仲良《なかよ》しのお客《きゃく》さんたち、ゴトゴト走《はし》ってくる小《ちい》さな電車《でんしゃ》。わたしは自分《じぶん》の住《す》むこの駅《えき》が大好《だいす》き。

季節《きせつ》がひと巡《めぐ》りする頃《ころ》、新《あたら》しい友達《ともだち》がやってきた。

「たま、お向《む》かいのたこ焼《や》き屋《や》さんにかわいい子犬《こいぬ》が来《き》たわよ」

動物好《どうぶつず》きのお母《かあ》さんが嬉《うれ》しそうに報告《ほうこく》してくれる。

「わあ、すぐにあいさつしなくちゃ」

道《みち》の向《む》かい側《がわ》のたこ焼《や》き屋《や》さんの店先《みせさき》に、金色《きんいろ》の毛並《けな》みの犬《いぬ》の女《おんな》の子《こ》がちょこんと座《すわ》っていた。

「こんにちは。わたしはミーコ、この子《こ》はたま。おむかいの売店《ばいてん》で飼《か》われているのよ。ほら、たま、ごあいさつして」

ちょっと恥《は》ずかしくて、隠《かく》れるようにしていたわたしをママが鼻先《はなさき》で押《お》し出《だ》す。

「は、はじめまして」

「はじめまして。レオです」

犬《いぬ》の女《おんな》の子《こ》も恥《は》ずかしそうに、でもとってもかわいい笑顔《えがお》であいさつしてくれて、わたしはいっぺんでこの子《こ》が好《す》きになってしまった。体《からだ》はわたしよりずっと大《おお》きいけど、なんだか妹《いもうと》みたい。

「ねえ、今度《こんど》、駅《えき》の方《ほう》にも遊《あそ》びに行《い》っていい？」

「もちろん。いっぱい遊《あそ》ぼうね」

わたしたちはその日《ひ》からすっかり仲良《なかよ》しになった。

それからしばらくして現《あらわ》れたのがセキレイのおまっちゃん。楽《たの》しそうに遊《あそ》んでいるわたしたちの姿《すがた》を見《み》て、自分《じぶん》も仲間《なかま》に入《はい》りたくなったんだって。

おまっちゃんは、とってもおしゃべりでいつもしっぽとおしりをふりふりしながら、ひっきりなしにしゃべっている。お母《かあ》さんや駅《えき》のお客《きゃく》さんたちはそんなおまっちゃんのことを「しりふりおまっちゃん」って呼《よ》んでいる。

「チチ、チュピチュピ。わたしはね、あんたたちよりずっと広《ひろ》い世界《せかい》のことを知《し》ってるのよ。なんたって、翼《つばさ》があってどこへでも自由《じゆう》に飛《と》んでいけるんだから。知《し》りたいことがあったらなんでも聞《き》いてよ。わたしが全部《ぜんぶ》、教《おし》えてあげるから」

おまっちゃんって、体《からだ》は小《ちい》さいけどわたしやレオちゃんより年上《としうえ》なんだ。だから、いつもすごくお姉《ねえ》さんぶって、ちょっぴり偉《えら》そう。でも、面倒見《めんどうみ》が良《よ》くてやさしくて、わたしたちはみんなおまっちゃんが大好《だいす》き。

「この線路《せんろ》をずっとたどっていくと大《おお》きな町《まち》に出《で》るんだよ。背《せ》の高《たか》いビルが並《なら》んでいて、とってもたくさん人間《にんげん》がいるんだよ」

おまっちゃんは、自分《じぶん》が見《み》てきたことをいろいろ話《はな》してくれる。わたしもレオちゃんも感心《かんしん》してそれを聞《き》くの。

そんなある日《ひ》、悲《かな》しい事件《じけん》が起《お》こった。

仲良《なかよ》しのわたしたちを遠《とお》くから見《み》ている子《こ》ねこに気《き》づいたのは、その少《すこ》し前《まえ》。その子《こ》には、ねこのお母《かあ》さんも人間《にんげん》のお母《かあ》さんもいないみたいだった。ママとよく似《に》たキジトラねこだったから、お母《かあ》さんは「もしかして、遠《とお》い親戚《しんせき》かもしれないね」なんて言《い》って、店先《みせさき》にごはんを置《お》いてあげていたの。

「親戚《しんせき》!? いとこかな、はとこかな」

子《こ》ねこはとっても臆病《おくびょう》で、いつもこっそりとごはんを食《た》べに来《き》て、隠《かく》れるように帰《かえ》っていってしまう。でも、お母《かあ》さんのごはんのおかげでふくふく丸《まる》くなってきて、わたしたちにも少《すこ》しずつ近《ちか》づいてくるようになった。

「きっと、恥《は》ずかしがりやなんだね」

「捨《す》てられて怖《こわ》い思《おも》いをたくさんしたのかも。でも、わたしたちが怖《こわ》くないってわかれば、もうすぐいっしょに遊《あそ》べるようになるね」

わたしたちは、その子《こ》と仲良《なかよ》くなるのを楽《たの》しみにしていたんだ。でも、ある日《ひ》、怖《こわ》い声《こえ》が聞《き》こえた。

「野良《のら》ねこに餌《えさ》をやらないでおくれ。ねこが増《ふ》えると困《こま》るんだよ」

時々《ときどき》やってくる売店《ばいてん》のおじさんの声《こえ》だった。わたしはびっくりしちゃった。世《よ》の中《なか》には動物《どうぶつ》がきらいな人《ひと》もいるし、みんながねこをかわいがってくれるわけじゃないんだ。

「すみません」

お母《かあ》さんはとても悲《かな》しそうだったけど、もう子《こ》ねこに餌《えさ》をあげることはできなくなった。

なにより悲《かな》しかったのは、やっと慣《な》れてきた子《こ》ねこが、おじさんの怒鳴《どな》り声《ごえ》におびえて逃《に》げ出《だ》したこと。わたしたちは子《こ》ねこを心配《しんぱい》しながらも、どうすることもできないでいた。

そんなある日《ひ》。

キー、キキキーッ!!　ドーン。

「なんの音《おと》?」

「ねこが車《くるま》にひかれた!」

お店《みせ》に来《き》ていた人《ひと》たちの声《こえ》に、わたしたちもびっくりしてかけ出《だ》した。

「たまちゃん!　あの子《こ》だ」

「うそ!」

お店《みせ》の前《まえ》の道路《どうろ》にキジトラの子《こ》ねこが倒《たお》れていた。お店《みせ》に遊《あそ》びに来《こ》ようとして、車《くるま》にはねられたんだ。

「にゃあ！」

わたしが大《おお》きな声《こえ》で鳴《な》くと、子《こ》ねこは最後《さいご》の力《ちから》をふりしぼって目《め》を開《あ》けてわたしを見《み》た。

「仲良《なかよ》しになりたかった。いっしょに遊《あそ》びたかったよ、お姉《ねえ》ちゃん」

その目《め》はそう言《い》っていた。

「ちびねこちゃん」

かけよろうとしたけれど、子《こ》ねこはそのまま動《うご》かなくなってしまい、わたしもびっくりして体《からだ》が固《かた》まったみたいに動《うご》けなくなった。振《ふ》り向《む》くとお母《かあ》さんが目《め》をまっ赤《か》にしている。

「こんなことになるなら、うちの子《こ》にしてあげればよかった。そうすれば、ご飯《はん》だってあげられたし、車《くるま》にひかれることもなかったのに」

お母《かあ》さんは空《あ》き地《ち》に小《ちい》さなお墓《はか》を作《つく》ってあげた。

ママもレオちゃんもわたしも、いつまでもいつまでもそこでうつむいていた。

そんな悲《かな》しいできごとがあったから、その子《こ》を見《み》つけた時《とき》、わたしの心臓《しんぞう》は「バクン!!」と飛《と》び出《だ》しそうになった。

「たま、たま、子《こ》ねこが倒《たお》れている!」

レオちゃんと二人《ふたり》で売店《ばいてん》の前《まえ》でおしゃべりをしていたらおまっちゃんが飛《と》んできた。昨日《きのう》の雨《あめ》に濡《ぬ》れた草《くさ》むらに、ママとよく似《に》たキジトラの子《こ》ねこが横《よこ》たわっていた。子《こ》ねこの体《からだ》はびっしょりと濡《ぬ》れて、シマシマの毛《け》が小《ちい》さな体《からだ》にはり付《つ》いている。

「お母《かあ》さんを呼《よ》んでくる!」

いつものんびりやのわたしがすごい勢《いきお》いで飛《と》んでいって、大《おお》きな声《こえ》で鳴《な》いたから、お母《かあ》さんも何《なに》かあったとすぐに気《き》づいて、わたしについてきてくれた。

「まあ!」

洋服《ようふく》が泥水《どろみず》で濡《ぬ》れるのも気《き》にせず、お母《かあ》さんは子《こ》ねこを抱《だ》き上《あ》げる。

「よかった、まだ息《いき》をしている」

お母《かあ》さんはすぐに子《こ》ねこの体《からだ》を乾《かわ》かして、きれいなタオルにくるんであげた。

「この子《こ》、すっかり冷《ひ》えきってる。かわいそうだけど…もう助《たす》からないかもしれない。」

「そんなのいや！」

わたしのことをじっと見《み》つめて息《いき》を引《ひ》き取《と》ったあの子《こ》の顔《かお》が胸《むね》の中《なか》に浮《う》かんできた。

「お姉《ねえ》ちゃん、この子《こ》を助《たす》けてあげて」

あの子《こ》が空《そら》の上《うえ》からわたしに訴《うった》えかけているみたい。

「お母《かあ》さん、お願《ねが》い、あきらめないで！」

わたしは夢中《むちゅう》でお母《かあ》さんにお願《ねが》いした。

「できるだけのことをしましょう。たま、おまえも手伝《てつだ》ってくれる」

「わたし？」

「とにかく冷《ひ》えた体《からだ》をあたためてあげなくちゃ。お願《ねが》いたま、そばであたためてあげて」

「わかった。ずっとこの子《こ》のそばにいる」

お母《かあ》さんは、わたしのベッドの中《なか》に子《こ》ねこをそっと入《い》れた。わたしは小《ちい》さく呼吸《こきゅう》をしているだけで動《うご》かない子《こ》ねこの体《からだ》をペロペロなめて、肉球《にくきゅう》もペロペロなめて、ぴったりくっついてあたためた。日《ひ》が暮《く》れて、夜《よる》になってもわたしは眠《ねむ》らず子《こ》ねこをあたためた。でも、夜《よる》が明《あ》け、お母《かあ》さんがお店《みせ》を開《あ》ける音《おと》が聞《き》こえてきても、子《こ》ねこは目《め》を閉《と》じたままだった。

「もうダメなのかな」

あきらめそうになったとき、あの子《こ》の顔《かお》が浮《う》かんで、わたしは叫《さけ》んだ。

「お願《ねが》い、いかないで。いっしょに遊《あそ》ぼう」

わたしの声《こえ》が聞《き》こえたみたいに、そのとき、子《こ》ねこがかすかに前足《まえあし》を動《うご》かした。

「ミャ」

子《こ》ねこは小《ちい》さく鳴《な》いてうっすらと目《め》を開《あ》けわたしを見《み》た。

「ミャ、ミャマ、ミャマ？」

わたしのこと、ママだと思《おも》っているのかな。今《いま》はこの子《こ》のママでいてあげよう。

「だいじょうぶ、だいじょうぶだよ、そばにいるよ」

わたしが子《こ》ねこの体《からだ》をペロペロなめたら、子《こ》ねこも小《ちい》さなザラザラの舌《した》でわたしのことをなめてくれた。冷《つめ》たかった体《からだ》があたたかくなっている。

「助《たす》かったんだ。もうだいじょうぶ！」

わたしは飛《と》び上《あ》がってお母《かあ》さんを呼《よ》んだ。

「お母《かあ》さん、目《め》を開《あ》けたよ。わたしのこと、ママって呼《よ》んでくれたよ」

お母《かあ》さんが走《はし》ってきた。

「本当《ほんとう》に息《いき》を吹《ふ》き返《かえ》している。奇跡《きせき》みたいだわ。たま、おまえが助《たす》けたのよ」

うれしい。うれしくてうれしくて鼻水《はなみず》出《で》ちゃう。

「お姉《ねえ》ちゃん、すごいよ。ありがとう」

わたしにははっきりとあの子《こ》の声《こえ》が聞《き》こえた。お母《かあ》さんがうれしそうにいった。

「たまが助《たす》けたんだから、たまの妹《いもうと》だと思《おも》ってこれからは家族《かぞく》として暮《く》らしましょう。そうね、とっても小《ちい》さいから名前《なまえ》は……ちび」

「ちび、ちび！」

「んミャ」

　こうして、わたしに新《あたら》しい妹《いもうと》ができた。

　ママのミーコとちびとわたし。三匹《びき》のねこは貴志駅《きしえき》の人気者《にんきもの》になった。

「かわいい家族《かぞく》だなあ」

「おまえたちを見《み》ると〝今日《きょう》も一日《いちにち》がんばるぞ〟っていう気持《きも》ちになるよ」

　駅《えき》を使《つか》うお客《きゃく》さんたちは、三人家族《にんかぞく》になったわたしたちを今《いま》まで以上《いじょう》にかわいがってくれて、みんなで材料《ざいりょう》を持《も》ち寄《よ》って立派《りっぱ》なねこ小屋《ごや》まで作《つく》ってくれた。

「おまえたちは、すっかりこの駅《えき》のアイドルね」

　お母《かあ》さんに言《い》われて、わたしたちは顔《かお》を見合《みあ》わせる。

「アイドルだって」

　えへへ。なんだか照《て》れちゃうな。でも、みんながうれしくなれるなら、張《は》り切《き》っちゃう。

「いってらっしゃ〜い！」

　わたしたちは毎朝《まいあさ》、大《おお》きな声《こえ》でみんなにあいさつをする。

2
大《だい》好《す》きな駅《えき》がなくなる

その日《ひ》もわたしはみんなにあいさつをしようと、駅舎《えきしゃ》で待《ま》っていた。

「おはよう！」

でも、今日《きょう》はなんだかちょっと様子《ようす》が変《へん》。おおぜいの人《ひと》が集《あつ》まって心配《しんぱい》そうにひそひそ話《ばなし》をしている。わたしはしっぽをピンと立《た》ててそばにかけより耳《みみ》をそばだてる。

「貴志川線《きしがわせん》がなくなるってどういうことだよ」

「このオンボロ鉄道《てつどう》、お客《きゃく》さんが少《すく》なくて赤字続《あかじつづ》きらしい」

思《おも》ってもみなかった話《はなし》を聞《き》いて、わたしは胸《むね》がドキドキしてきた。

「電車《でんしゃ》がなくなったら、学校《がっこう》に通《かよ》うことも、病院《びょういん》に行《い》くことも難《むずか》しくなってしまう……」

昔《むかし》この町《まち》で校長先生《こうちょうせんせい》をしていたおじさんがため息《いき》をつく。元校長先生《もとこうちょうせんせい》は物知《ものし》りで、頭《あたま》がよくて、いつもニコニコ笑《わら》っている。定年退職《ていねんたいしょく》をした今《いま》はのんびり暮《く》らしているんだって。

「近《ちか》くに由緒《ゆいしょ》ある神社《じんじゃ》もあるし、かわいい三匹《びき》のねこもいるし、貴志駅《きしえき》はいい駅《えき》だね」

そう言《い》って、散歩《さんぽ》に来《き》てはなでてくれる。わたしもママもちびも元校長先生《もとこうちょうせんせい》が大好《だいす》き。

「電車《でんしゃ》がなくなったらこの町《まち》はどうなるのかね」

いつも売店《ばいてん》に買《か》い物《もの》に来《き》て、お母《かあ》さんとおしゃべりをしていくおばあちゃんが心配《しんぱい》そうに元校長先生《もとこうちょうせんせい》に訊《たず》ねる。

「きっと、この町《まち》からおおぜいの人《ひと》が出《で》て行《い》ってしまうだろうな」

みんな顔《かお》を見合《みあ》わせる。お母《かあ》さんもとても心配《しんぱい》そう。

「貴志川線《きしがわせん》がなくなったら、この駅《えき》もなくなってしまう。売店《ばいてん》に買《か》い物《もの》に来《き》てくれる人《ひと》もいなくなって、このお店《みせ》もなくなっちゃうわ」

わたしはびっくりして飛《と》び上《あ》がる。

「駅《えき》がなくなる？　お母《かあ》さんのお店《みせ》がなくなる？　いや！　そんなのぜったいにダメ！」

「大丈夫《だいじょうぶ》よ、たま。電車《でんしゃ》がなくなるなんて、そんなバカなことあるはずないもの。きっと、ただのうわさ話《ばなし》よ」

ママはそう言《い》ってわたしを元気《げんき》づけてくれるけれど、しっぽをパタンパタン、せわしなくふり続《つづ》けているから、本当《ほんとう》はすごく心配《しんぱい》でたまらないんだってわたしにはわかる。

そして、恐《おそ》れていたことが本当《ほんとう》になった。

「貴《き》志《し》川《がわ》線《せん》廃《はい》止《し》」の発表《はっぴょう》がされたんだ。

「電車《でんしゃ》が本当《ほんとう》になくなっちゃうぞ」

「この町《まち》に住《す》めなくなってしまう」

町《まち》は蜂《はち》の巣《す》を突《つつ》いたような大騒《おおさわ》ぎになった。

「町長《ちょうちょう》さん、なんとかしてくださいよ」

「知事《ちじ》さん、どうにかなりませんか」

「わたしもどうしていいかわからないよ」

町《まち》や県《けん》の偉《えら》い人《ひと》に相談《そうだん》しても、「どうにか

して鉄道《てつどう》を残《のこ》してください」と鉄道会社《てつどうがいしゃ》にお願《ねが》いしても、誰《だれ》にもいい考《かんが》えは浮《う》かばなかった。

「みんな、どうしたって他人事《ひとごと》なんだよ。やっぱり、同《おな》じように困《こま》って、電車《でんしゃ》を残《のこ》したいと願《ねが》っている仲間《なかま》でなんとかしないとダメなんじゃないかな」

誰《だれ》かがそう言《い》った。

「そうだ！　元校長先生《もとこうちょうせんせい》に頼《たの》んだらどうだろう。あの人《ひと》は、とても頭《あたま》がいいし、粘《ねば》り強《づよ》い人《ひと》だ。それに、なにより貴志川線《きしがわせん》のことを大好《だいす》きで心配《しんぱい》しているもの」

「よし、みんなで頼《たの》みに行《い》こう」

「わたしも行《い》く！　いっしょに頼《たの》みに行《い》く」

わたしも夢中《むちゅう》で叫《さけ》んだけれど、みんなは「煮干《にぼ》しが欲《ほ》しいのかい？　たまはのんきでいいなあ」なんて失礼《しつれい》なことを言《い》ってわたしを置《お》いていってしまった。

もう、わたしだっていっしょうけんめいなのに。自分《じぶん》が小《ちい》さなねこだっていうことが、くやしい。わたしだって大事《だいじ》な駅《えき》を守《まも》りたいのに。みんなの役《やく》に立《た》ちたいのに。

「チチチ」

おまっちゃんが飛《と》んできた。

「だいじょうぶだよ。わたしが代《か》わりについていってどうなるか見《み》てきてあげる」

おまっちゃんはそう言《い》うとみんなの後《あと》について飛《と》んでいってしまった。


その日《ひ》から、町《まち》の人《ひと》たちの大奮闘《だいふんとう》がはじまった。

「元校長先生《もとこうちょうせんせい》は、〝そんな難《むずか》しい仕事《しごと》わたしにはムリです〟って言《い》っていたけど、みんなの熱心《ねっしん》さに負《ま》けて〝貴志川線《きしがわせん》を守《まも》る会《かい》〟という会《かい》の会長《かいちょう》さんになってくれたよ」

おまっちゃんが教《おし》えてくれた。

「みんなの鉄道《てつどう》だから、誰《だれ》かに頼《たよ》っていてはダメです。昔《むかし》はみんなで鉄道《てつどう》を作《つく》ったんです。今度《こんど》はみんなで守《まも》りましょう」

先生《せんせい》はそう言《い》ったんだって。

「電車《でんしゃ》を守《まも》るの？」

「そうだよ。大切《たいせつ》なものは自分《じぶん》で守《まも》らないといけないんだよ」

わたしは不思議《ふしぎ》そうに首《くび》を傾《かし》げているちびに教《おし》えてあげた。

「お姉《ねえ》ちゃんはわたしを守《まも》って助《たす》けてくれたんだよね」

「そうだよ。ちびはわたしの大切《たいせつ》な妹《いもうと》だから」

「えへへ。大切《たいせつ》な妹《いもうと》」

ちびはうれしそうに笑《わら》う。

「お姉《ねえ》ちゃんはすごいね。きっと、電車《でんしゃ》も駅《えき》も守《まも》って、助《たす》けてくれるね」

ちびにそう言《い》われると、なんだか、わたしにも何《なに》かできるような気《き》がしてくる。

みんなこの駅《えき》が、ここを走《はし》る電車《でんしゃ》が大切《たいせつ》なんだ。だから守《まも》ろうとしているんだ。わたしもこの駅《えき》が好《す》き。そして、ここに集《あつ》まるみんなが大好《だいす》き。だから、いっしょにがんばる。

「ちびもがんばるんだよ」

「え、わたしも？」

「もちろんだよ。この駅《えき》が好《す》きでしょ？　みんなが好《す》きでしょ？」

「うん、大好《だいす》き。そうか、大好《だいす》きで大切《たいせつ》なものは自分《じぶん》で守《まも》らないといけないんだね」

「わたしも応援《おうえん》するよ。チチチ」

おまっちゃんも力《ちから》いっぱいおしりを振《ふ》ってみせる。

「たま、ちび、いっしょにがんばろうね」

ママもやる気満々《きまんまん》で耳《みみ》としっぽがピンと立《た》っている。

いつのまにか元校長先生《もとこうちょうせんせい》がそばに来《き》ていた。

「たま、わたしたちを手伝《てつだ》ってくれるかい」

先生《せんせい》はやさしくわたしの頭《あたま》をなでながら言《い》う。

「なによりも電車《でんしゃ》に乗《の》る人《ひと》を増《ふ》やさなくちゃね。まずは、町《まち》の人《ひと》たちに〝貴志川線《きしがわせん》を守《まも》る会《かい》〟のことを知《し》ってもらって、そして、どんどん電車《でんしゃ》に乗《の》ってもらおう」

「うん。わたしたちも、みんなが楽《たの》しくなるように、いっぱいあいさつするね」

みんな、不安《ふあん》で押《お》しつぶされそうだし、大変《たいへん》なこともたくさんあるんだけど、でもね、なんだか少《すこ》し楽《たの》しそう。駅《えき》の待合室《まちあいしつ》にきれいなお花《はな》を飾《かざ》ってくれる人《ひと》がいたり、お休《やす》みの日《ひ》に集《あつ》まってトイレの掃除《そうじ》をする人《ひと》がいたり、子供《こども》たちがみんなでポスターを描《か》いて貼《は》っていったり。町《まち》の中《なか》には「貴志川線《きしがわせん》を守《まも》ろう」とか「乗《の》って残《のこ》そう貴志川線《きしがわせん》」って書《か》かれた旗《はた》がいっぱい立《た》てられたっておまっちゃんが教《おし》えてくれた。

わたしは、駅《えき》を守《まも》ろうとする人《ひと》たちが楽《たの》しくなるように、明《あか》るくあいさつして応援《おうえん》した。

「この駅《えき》に来《き》て、たまたちの顔《かお》を見《み》ると元気《げんき》になるよ」

おおぜいの人《ひと》がそう言《い》ってくれると、わたしもうれしくてほっぺたが熱《あつ》くなった。そうか、わたしはみんなを元気《げんき》にできるんだ。

町《まち》の人《ひと》たちと、わたしやちび、ママやおまっちゃんの応援《おうえん》のかいもあって、「貴志川線《きしがわせん》を守《まも》る会《かい》」の会員《かいいん》はとうとう六千人《にん》を超《こ》えた。テレビの取材《しゅざい》もやってきて、町《まち》の人《ひと》たちが力《ちから》を合《あ》わせて電車《でんしゃ》を守《まも》ろうとしている活動《かつどう》はおおぜいの人《ひと》から注目《ちゅうもく》されるようになった。

そして、ある日《ひ》、元校長先生《もとこうちょうせんせい》が駅《えき》にかけこんできてわたしを抱《だ》き上《あ》げたの。

「たま！　電車《でんしゃ》も駅《えき》もなくならないことに決《き》まったよ」

え！　え！　やったあ!!

「やったね、やったね、すごい!!」

「どうしたの？　なにがあったの？」

ママとちびも集《あつ》まってきた。

「おお！　ミーコ、ちび、この駅《えき》はなくならないぞ。貴志川線《きしがわせん》を引《ひ》き受《う》けてくれる会社《かいしゃ》が見《み》つかったんだ」

「こんなオンボロのびんぼう電車《でんしゃ》、引《ひ》き受《う》けてくれるなんて、どんな物好《ものず》きの会社《かいしゃ》なの」

お母《かあ》さんもお店《みせ》から出《で》てきて元校長先生《もとこうちょうせんせい》に聞《き》いた。

「岡山《おかやま》の鉄道会社《てつどうがいしゃ》だよ。今《いま》までにない楽《たの》しい電車《でんしゃ》を作《つく》って大人気《だいにんき》になった会社《かいしゃ》なんだ。だから、わたしたちはみんなでその会社《かいしゃ》の社長《しゃちょう》さんに会《あ》いに行《い》ったんだ。社長《しゃちょう》さんは、みんなでがんばればきっと貴志川線《きしがわせん》を残《のこ》せるって言《い》うんだよ。わたしたちの町《まち》にはすばらしい所《ところ》がたくさんあるから、きっとおおぜいの人《ひと》が乗《の》りたくなる楽《たの》しい電車《でんしゃ》にできるって」

元校長先生《もとこうちょうせんせい》が目《め》をキラキラさせて話《はな》すのを聞《き》いていたら、わたしまでワクワクして、なんだか、きっとうまくいくっていう気《き》がしてきた。みんなをこんなにワクワクさせてくれるなんて、どんな会社《かいしゃ》のどんな社長《しゃちょう》さんなんだろう。

わたしは飛《と》び上《あ》がりたいほどうれしくて、社長《しゃちょう》さんに会《あ》ってみたくてたまらなくなった。

3 運命《うんめい》の出会《であ》い

よく晴《は》れた気持《きも》ちのいい朝《あさ》だった。

わたしが生《う》まれてから七度目《どめ》の桜《さくら》の季節《きせつ》。今年《ことし》の桜《さくら》はいつにも増《ま》してきれいに咲《さ》いているような気《き》がする。

今日《きょう》は、この駅《えき》にとって特別《とくべつ》な日《ひ》。わたしにとっても、新《あたら》しい運命《うんめい》がスタートする特別《とくべつ》な日《ひ》になるんだけど、このときのわたしはまだそんなこと知《し》らない。それよりも、大《おお》きな心配事《しんぱいごと》を抱《かか》えて、わたしの胸《むね》はその日《ひ》の空《そら》とは正反対《せいはんたい》、どよーんと重《おも》く沈《しず》んでいた。

その年《とし》の春《はる》、貴志川線《きしがわせん》は「和歌山電鐵貴志川線《わかやまでんてつきしがわせん》」として新《あたら》しく生《う》まれかわることになった。今日《きょう》は、その一日目《にちめ》。まだ暗《くら》いうちからおおぜいの人《ひと》が集《あつ》まってセレモニーの準備《じゅんび》をしている。みんなの胸《むね》は新《あたら》しい出発《しゅっぱつ》への希望《きぼう》でパンパンにふくらんでいて、わたしたち一《いっ》

家《か》の心配事《しんぱいごと》に気《き》づいている人《ひと》はいないみたい。

たいへんなことが起《お》こったのは一週間前《しゅうかんまえ》。

お母《かあ》さんがお店《みせ》の横《よこ》に置《お》かれたわたしたちの家《いえ》をのぞきこみ、その前《まえ》を行《い》ったり来《き》たりして、困《こま》ったように頭《あたま》を振《ふ》り、最後《さいご》には泣《な》きそうな顔《かお》になって大《おお》きな大《おお》きなため息《いき》をついて座《すわ》り込《こ》んでしまった。

「お母《かあ》さん、どうしたの？」

わたしはお母《かあ》さんの足《あし》にスリスリ、クルクルして、お母《かあ》さんを元気《げんき》づけようとした。

「たま、どうしよう。もうここでいっしょに暮《く》らせなくなるかもしれないよ」

「え⁉　どういうこと」

ママとちびもねこ小屋《ごや》の中《なか》から出《で》てきた。

「役場《やくば》の人《ひと》が来《き》てね、ここにおまえたちの家《いえ》を置《お》いたらいけないって言《い》われたんだよ」

貴志川線《きしがわせん》は新《あたら》しい会社《かいしゃ》のもとで再出発《さいしゅっぱつ》することになり、駅《えき》や周《まわ》りの土地《とち》は貴志川町《きしがわちょう》のものになった。つまり、貴志川線《きしがわせん》も貴志駅《きしえき》も「公共施設《こうきょうしせつ》」になったっていうことで、「公共《こうきょう》施設《しせつ》」ではないねこ小屋《ごや》は……ここに置《お》いておくわけにはいかない！　ってわけ。

それって、つまり、このままここに勝手《かって》に住《す》んでいたら、わたしたち不法滞在《ふほうたいざい》ねこ!?

「みんなが使《つか》いやすい駅《えき》にするために裏《うら》の事務所《じむしょ》を取《と》り壊《こわ》して駐輪場《ちゅうりんじょう》を作《つく》ります。ここは駐輪場《ちゅうりんじょう》へ行《い》くための道《みち》になりますから、ねこ小屋《ごや》は片付《かたづ》けてください」

役場《やくば》の人《ひと》からそう言《い》われて、お母《かあ》さんは飛《と》び上《あ》がった。

「お店《みせ》では食《た》べ物《もの》を売《う》っているからこの子《こ》たちを住《す》まわせるわけにはいかないし、他《ほか》には小屋《こや》を置《お》く場所《ばしょ》はないし、わたしの家《いえ》には昼間《ひるま》は誰《だれ》もいない。それにこの子《こ》たちはこの駅《えき》のねこだもの。この子《こ》たちがいなくなったらお客《きゃく》さんたちがすごくがっかりする……」

どうしたらいいのか、お母《かあ》さんにもわたしたちにもいい考《かんが》えがなにひとつ浮《う》かばないま
ま、運命《うんめい》の日《ひ》がやってきた。


わたしたちの胸《むね》が心配《しんぱい》でつぶれそうになっているのにおかまいなく、セレモニーが始《はじ》まった。生《う》まれかわった貴志川線《きしがわせん》の始発電車《しはつでんしゃ》をみんなで送《おく》り出《だ》すんだって。

駅前《えきまえ》の広場《ひろば》で壇《だん》の上《うえ》に立《た》ち、お話《はなし》をしている、あの人《ひと》が社長《しゃちょう》さん？

わたしたちは三匹《びき》でかたまって、その人《ひと》のことをじっと見《み》つめる。

この人《ひと》もわたしたちを追《お》い出《だ》そうとしているのかな？　でも、そんな怖《こわ》そうな人《ひと》には見《み》えないな。

「今《いま》から十年間《ねんかん》は県《けん》や市《し》が貴《き》志《し》川線《がわせん》を守《まも》る約束《やくそく》をしてくれました。けれど、わたしは二十年後《ねんご》、三十年後《ねんご》もこの電車《でんしゃ》が走《はし》り続《つづ》けていられるようにここに来《き》たのです。そのために、みんなでがんばりましょう」

社長《しゃちょう》さんはそう言《い》った。

二十年後《ねんご》、三十年後《ねんご》……。わたしには想像《そうぞう》もつかない先《さき》のこと。

そして、始発電車《しはつでんしゃ》がみんなの歓声《かんせい》に送《おく》られて出発《しゅっぱつ》した。

セレモニーは終了《しゅうりょう》。町《まち》の人《ひと》たちが片付《かたづ》けを始《はじ》めたその時《とき》、お母《かあ》さんが意《い》を決《けっ》したようにいきなりわたしを小屋《こや》の中《なか》におしこんだ。

「わわ、お母《かあ》さん、どうしたの」

お母《かあ》さんは、唇《くちびる》をギュッとひき結《むす》び、弾丸《だんがん》みたいな勢《いきお》いで、帰《かえ》ろうとしていた社長《しゃちょう》さんめがけて走《はし》っていく。

「社長《しゃちょう》さん、待《ま》ってください」

すごい顔《かお》をして髪《かみ》の毛《け》を振《ふ》り乱《みだ》し、華《はな》やかなセレモニーに不似合《ふにあ》いなかっぽう着姿《ぎすがた》で飛《と》んできた「売店《ばいてん》のおばさん」にいきなり目《め》の前《まえ》に立《た》ちはだかられて、社長《しゃちょう》さんは目《め》を白黒《しろくろ》させている。

「社長《しゃちょう》さん、たまを見《み》に来《き》てください。たまたちを助《たす》けてください」

わわ！

わたしだって、びっくりだよ。社長《しゃちょう》さんってえらい人《ひと》でしょ？　その人《ひと》にいきなりこんなことしちゃっていいの⁉

でも、社長《しゃちょう》さんはちゃんと立《た》ち止《ど》まってお母《かあ》さんの話《はなし》を聞《き》いてくれた。

「まあまあ、落《お》ち着《つ》いて。わたしは逃《に》げません、ゆっくり事情《じじょう》を話《はな》してごらんなさい」

「たまたちの住《す》む場所《ばしょ》がなくなってしまうんです」

お母《かあ》さんは、はあはあ息《いき》を切《き》らせながら、わたしたちがどんなに困《こま》っているか社長《しゃちょう》さんに説明《せつめい》した。

「売店《ばいてん》の横《よこ》が道《みち》になったら、ねこ小屋《ごや》を置《お》ける場所《ばしょ》は駅《えき》しかありません。この子《こ》たちを駅《えき》に住《す》まわせてあげてください」

「うーん」

社長《しゃちょう》さんは腕組《うでぐ》みした。

「助《たす》けてあげたいけれど、でも、個人《こじん》のペットを駅《えき》に住《す》まわせるのは、難《むずか》しいなあ……」

「でもね、社長《しゃちょう》さん、たまはとってても貴重《きちょう》な三毛猫《みけねこ》なんですよ。ほんとうにきれいに毛《け》の色《いろ》が分《わ》かれた三毛猫《みけねこ》はめったにいない、百万円出《まんえんだ》すからゆずって欲《ほ》しいって言《い》われたことだってあるんだから！　三毛猫《みけねこ》はオスだったら三百万円《まんえん》よ！　商売《しょうばい》の守《まも》り神《がみ》なのよ」

「ひゃあ、お母《かあ》さんったら、なんて大胆《だいたん》な発言《はつげん》。わたし、だれからも欲《ほ》しがられなかったねこなんだよ、それなのに百万円《まんえん》とか三百万円《まんえん》とかって、社長《しゃちょう》さんに怒《おこ》られちゃうよ」

ねこは汗《あせ》をかかないんだけど、もう心《こころ》の中《なか》では冷《ひ》や汗《あせ》ダラダラ。

でも、社長《しゃちょう》さんは怒《おこ》るどころか笑《わら》い出《だ》したの。

「なるほどね、どれ、たまちゃんを見《み》せてください」

そのとき、わたしと社長《しゃちょう》さん、ひとりと一匹《ぴき》の目《め》が合《あ》った。笑《わら》っているその目《め》は、なんだかとってもやさしくて、わたしはその瞬間《しゅんかん》に安心《あんしん》してしまった。この人《ひと》ならわかってくれる、友達《ともだち》になれるって、そんな気《き》がしたんだ。

不思議《ふしぎ》なんだけどね、社長《しゃちょう》さんもこの時《とき》、同《おな》じように思《おも》っていたんだって。「この小《ちい》さなねことは友達《ともだち》になれそうだぞ」って。

だから、わたしは社長《しゃちょう》さんの目《め》を見《み》つめて、心《こころ》の中《なか》でいっしょうけんめいに話《はな》しかけた。

「お願《ねが》い、ここに住《す》まわせて。大好《だいす》きな駅《えき》で暮《く》らさせて」

「うーむ……あっ！」

その時《とき》、社長《しゃちょう》さんの目《め》がいたずらっぽく光《ひか》った。

「お母《かあ》さん、このねこを貴志駅《きしえき》に住《す》まわせてもいいけど、ひとつ条件《じょうけん》がありますよ」

「ええ、もう、どんな条件《じょうけん》でも！」

お母《かあ》さんは顔《かお》を輝《かがや》かせた。

「駅《えき》で個人《こじん》のペットを飼《か》うわけにはいかない。だけど、駅《えき》の職員《しょくいん》だったら駅《えき》に住《す》んでも問《もん》題《だい》ないわけだ」

え？　なにを言《い》ってるの？　お母《かあ》さんもわたしたちもポカンとして社長《しゃちょう》さんを見《み》つめる。

「だから、たまちゃんたちが社員《しゃいん》になればいいんだよ。たまちゃんが仕事《しごと》をしてくれるなら、この駅《えき》に住《す》まわせてあげてお給料《きゅうりょう》として毎年《まいとし》キャットフード一年分《ねんぶん》をお支払《しはら》いするよ」

お母《かあ》さんは顔《かお》を真《ま》っ赤《か》にして怒《おこ》りだした。

「ねこが働《はたら》くなんて、できるわけがないじゃないですか。無理《むり》なことを言《い》って追《お》い出《だ》そうとするなんて、あなたは鬼《おに》だわ」

「ちょっと、ちょっと、落《お》ち着《つ》いて。そんな意地悪《いじわる》なこと考《かんが》えていないよ」

社長《しゃちょう》さんは笑《わら》い出《だ》し、怒《おこ》っているお母《かあ》さんの代《か》わりにわたしに話《はな》しかけた。

「ねえ、たまちゃん、きみ、駅長《えきちょう》さんにならないかい」

「え？　えー⁉　え、き、ちょ、う、さ、ん⁉」

「お金《かね》を節約《せつやく》するために、この駅《えき》は無人駅《むじんえき》になってしまったからね。代《か》わりにたまちゃんが駅長《えきちょう》さんとして駅《えき》を守《まも》っておくれ」

ドキドキドキドキ。

胸《むね》がすごい音《おと》で鳴《な》っている。

わたし、ねこなのに働《はたら》くの？　しかも、駅長《えきちょう》さん？　そんなこと、わたしにできるの？

そんなわたしの声《こえ》が聞《き》こえたみたいに社長《しゃちょう》さんはニッコリ笑《わら》って言《い》った。

「だいじょうぶ、できるよ。君《きみ》は生《う》まれたときからこの駅《えき》で暮《く》らしてきて、誰《だれ》よりもこの駅《えき》のことをよく知《し》っているだろう」

ゴクン。わたしは、唾《つば》を飲《の》み込《こ》んだ。

「やってみるよ、社長《しゃちょう》さん」

お母《かあ》さんも、さっきまでかんかんに怒《おこ》っていたことなんてどこへやら、見《み》たこともないくらい明《あか》るい顔《かお》で、今《いま》にも社長《しゃちょう》さんに抱《だ》きついちゃいそうな勢《いきお》い。

「うちのたまちゃんが貴志駅《きしえき》の駅長《えきちょう》さん！　ああ、うれしい、うれしい。こんなすてきなことが起《お》こるなんて、夢《ゆめ》みたい」

思《おも》いもかけないできごとにボーッとしているわたしの頭《あたま》を社長《しゃちょう》さんがなでてくれる。

「みんな新《あたら》しい出発《しゅっぱつ》で大喜《おおよろこ》びしているけど、本当《ほんとう》にたいへんなのはこれからなんだ。わたしも、町《まち》の人《ひと》たちも、もっとがんばらなくちゃいけない。だから、たま、手伝《てつだ》っておくれ」

これまで町《まち》の人《ひと》たちのがんばりを見《み》てきたから、社長《しゃちょう》さんの言《い》うことはよくわかった。

「社長《しゃちょう》さん、助《たす》けてくれてどうもありがとう。うん、がんばってみる。わたしは小《ちい》さなねこだけど、大好《だいす》きな駅《えき》のために、やってみるよ」

「よし、たま。いっしょにがんばろうな。そして、十年後《ねんご》、ここでまたいっしょにお祝《いわ》いをしよう」

なんだか、あったかいもので胸《むね》の中《なか》がいっぱいになった。

「にゃあ、ここでまたいっしょにお祝《いわ》いしよう！」

「よし、約束《やくそく》だ」

「やくそく！」

人間《にんげん》の社長《しゃちょう》さんとねこのわたし、ぜんぜん違《ちが》うふたりだけど、わたしたちが同《おな》じ気持《きも》ちでいることがよくわかる。

わたしはねこの駅長《えきちょう》さんになる。そして、町《まち》の人《ひと》たちと、この社長《しゃちょう》さんといっしょにがんばる。そのとき、わたしはとっても強《つよ》くそう思《おも》ったの。


それからはもう毎日《まいにち》がお祭《まつ》りみたい。町《まち》の人《ひと》たちは休《やす》む間《ま》もなくかけまわり、楽《たの》しいイベントが次々《つぎつぎ》に開《ひら》かれた。

「いちばん大切《たいせつ》なのは電車《でんしゃ》に乗《の》ってくれるお客《きゃく》さんを増《ふ》やすことです。みんなが貴志川線《きしがわせん》に乗《の》りたくなるような楽《たの》しいアイデアをたくさん考《かんが》えて実現《じつげん》していきましょう」

セレモニーの後《あと》、社長《しゃちょう》さんは〝貴志川線《きしがわせん》を守《まも》る会《かい》〟の人《ひと》たちに、そう言《い》った。

「でも社長《しゃちょう》、こんな山《やま》の中《なか》の田舎町《いなかまち》によその人《ひと》がわざわざ来《き》てくれるもんでしょうか」

元校長先生《もとこうちょうせんせい》が腕組《うでぐ》みをしたら、社長《しゃちょう》さんはニコニコして言《い》った。

「先生《せんせい》、なにをおっしゃるんですか。貴志川線《きしがわせん》には宝物《たからもの》がたくさんあります」

「宝物《たからもの》？」

町《まち》の人《ひと》たちはみんなポカンと口《くち》を開《あ》けた。

「貴志川線《きしがわせん》は神社《じんじゃ》にお参《まい》りをするために作《つく》られた鉄道《てつどう》なんです。三社参《さんしゃまい》りといってね、えらい神様《かみさま》をお参《まい》りするために、昔《むかし》は日本中《にほんじゅう》からおおぜいの人《ひと》が訪《たず》ねてきたんです」

「なるほど。それは知《し》っていますとも」

「ね、それに、四季折々《しきおりおり》の花《はな》が咲《さ》き、小鳥《ことり》や虫《むし》と出会《であ》える大《おお》きな公園《こうえん》やみんなが写真《しゃしん》に撮《と》りたくなるような透《す》き通《とお》ったきれいな池《いけ》だってあるでしょう」

「そうなんですよ。わたしたちの町《まち》には、すごくすてきな所《ところ》がたくさんあるんです！」

お母《かあ》さんも話《はなし》に入《はい》ってきた。

「ほーら、そうでしょう。だからね、それを知《し》ってもらうことができれば、お客《きゃく》さんはやってきます。そのためにがんばるんです」

話《はな》しているうちに、町《まち》の人《ひと》たちの顔《かお》がどんどん明《あか》るくなってきて、目《め》をまん丸《まる》にして聞《き》いていたわたしもママもちびも、なんだか嬉《うれ》しくて、ムズムズして、自分《じぶん》のしっぽを追《お》いかけたくなるくらい興奮《こうふん》してきちゃった。ちびなんて、思《おも》わずママのしっぽにじゃれついて「フーッ」って怒《おこ》られていたくらい。

「よし、まずは貴志川線《きしがわせん》のことを知《し》ってもらうために楽《たの》しいイベントを考《かんが》えよう」

電車《でんしゃ》に写真《しゃしん》や絵《え》を飾《かざ》って、貴志川線《きしがわせん》のまわりのきれいな景色《けしき》や神社《じんじゃ》のことを知《し》ってもらう「ギャラリー電車《でんしゃ》」を走《はし》らせたり、駅《えき》を飾《かざ》り付《つ》けて七夕祭《たなばたまつ》りをしたり、みんなは手作《てづく》りのイベントを次々《つぎつぎ》に実現《じつげん》していった。

ある日《ひ》、わたしが駅《えき》でのんびりウトウトしていたら、初夏《しょか》の真《ま》っ青《さお》な空《そら》を切《き》り裂《さ》くような勢《いきお》いでおまっちゃんが飛《と》んできた。

「チュ、チチチ、たま！　すごいかわいい電車《でんしゃ》が来《く》るよ。寝《ね》ている場合《ばあい》じゃないよ。早《はや》く起《お》きて、木《き》に登《のぼ》ってごらん」

「ふえ、なになに？」

わたしは寝《ね》ぼけ眼《まなこ》のままでホームの桜《さくら》の木《き》に登《のぼ》って……。

「にゃご！　あの電車《でんしゃ》はなに!?」

いっぺんで目《め》が覚《さ》めてしまった。青《あお》い空《そら》と緑《みどり》の中《なか》を真《ま》っ白《しろ》な電車《でんしゃ》がキラキラお日《ひ》さまの光《ひかり》を受《う》けながら走《はし》ってくる。車体《しゃたい》には真《ま》っ赤《か》ないちごが描《か》かれている。かわいい！

「いちごだ！　いちごが走《はし》ってくるよ」

わたしの大声《おおごえ》にママとちびも飛《と》んできた。

「わわわ、お姉《ねえ》ちゃん。あれ、なになになに」

ピカピカの電車《でんしゃ》は貴志駅《きしえき》にすべりこみ、真《ま》っ赤《か》なドアが開《あ》いて社長《しゃちょう》さんが降《お》りてきた。

わたしは桜《さくら》の木《き》から滑《すべ》り降《お》りて社長《しゃちょう》さんの足下《あしもと》に走《はし》っていく。

「遠《とお》くに住《す》む人《ひと》たちにも貴志川線《きしがわせん》のことを知《し》ってもらうためにね、みんながびっくりするような新《あたら》しい電車《でんしゃ》を作《つく》ろうって町《まち》の人《ひと》たちと考《かんが》えたんだ。ここはいちごの産地《さんち》だからいちご電車《でんしゃ》だよ。かわいいだろう」

社長《しゃちょう》さん、なんだかとっても得意《とくい》そう。

「電車《でんしゃ》の中《なか》でパーティやコンサートもできるんだ。きっとおおぜいの人《ひと》がこの電車《でんしゃ》に乗《の》りたくてやってくるぞ」

社長《しゃちょう》さんの言葉通《ことばどお》り、遠《とお》くから貴志川線《きしがわせん》に乗《の》りに来《く》るお客《きゃく》さんが増《ふ》えてきた。

「貴志川線《きしがわせん》にようこそニャンゴ！」

わたしもいっしょうけんめいあいさつした。

「わあ、かわいいねこがお出迎《でむか》えしてくれたよ。僕《ぼく》たちが来《き》たのを喜《よろこ》んでいるみたい」

そりゃそうよ。だって、わたしは貴志駅《きしえき》で暮《く》らして、貴志川線《きしがわせん》で働《はたら》くねこだもん！

4 世界《せかい》で初《はじ》めて!? ねこの駅長《えきちょう》

少《すこ》しずつ貴志駅《きしえき》のお客《きゃく》さんが増《ふ》えてきて、わたしもママとちびも、いっしょうけんめいにお仕事《しごと》に励《はげ》んでいた。でも、実《じつ》はわたしは、まだ正式《せいしき》な駅長《えきちょう》さんではなかったの。

「駅長《えきちょう》さんは、ちゃんと制帽《せいぼう》をかぶらないといけないからね。ちょっと待《ま》っていておくれ。それまでは研修中《けんしゅうちゅう》だ」

そう言《い》われて待《ま》っていたけど、いつまでたっても「さあ、たま、今日《きょう》から駅長《えきちょう》さんだよ」っていう声《こえ》がかからないから、ちょっと心配《しんぱい》になってきた。

「もしかして、わたしには駅長《えきちょう》さんはムリだって思《おも》われて失格《しっかく》になっちゃったのかも」

でも、これには理由《りゆう》があった。

「たま駅長《えきちょう》に制服《せいふく》と制帽《せいぼう》を用意《ようい》しておくれ」

社長《しゃちょう》からそう言《い》われた鉄道会社《てつどうがいしゃ》の専務《せんむ》さん。すごくまじめな人《ひと》だったから「人間《にんげん》と同《おな》じ本物《ほんもの》の制服《せいふく》と制帽《せいぼう》を作《つく》らなくちゃ。でも、ねこの制服《せいふく》と制帽《せいぼう》なんてどこにも売《う》っていないし、これは大変《たいへん》な仕事《しごと》だ」ってかけまわっていたんだって。

冬《ふゆ》になってやっと帽子《ぼうし》が完成《かんせい》した。人間《にんげん》の駅長《えきちょう》さんがかぶるのとまったく同《おな》じものを小《ちい》さくしたすごく素敵《すてき》な帽子《ぼうし》。

「おお、こりゃあすごいな。で、制服《せいふく》はまだかい」

「社長《しゃちょう》、かんべんしてくださいよ。この帽子《ぼうし》を作《つく》るためにどれだけ苦労《くろう》したと思《おも》うんです。できないって言《い》う帽子屋《ぼうしや》さんを説得《せっとく》してやっと作《つく》ってもらったんです。ミシンを三台《だい》も壊《こわ》したって、帽子屋《ぼうしや》さんは泣《な》いていますよ。こんな小《ちい》さいサイズの帽子《ぼうし》を作《つく》るのはたいへんなんです。制服《せいふく》なんて、完成《かんせい》するまで何年《なんねん》かかるか」

社長《しゃちょう》さんは笑《わら》い出《だ》した。

「あはは。人間《にんげん》とまったく同《おな》じものを作《つく》らなくてもいいじゃないか。手芸《しゅげい》の上手《じょうず》な人《ひと》に頼《たの》んでフェルトで作《つく》ってもらえばあっという間《ま》にできるでしょ」

専務《せんむ》さんは真《ま》っ赤《か》になって怒《おこ》ってしまった。

「それならそう言《い》ってくださいよ。社長《しゃちょう》が制服《せいふく》と制帽《せいぼう》と言《い》うから、人間《にんげん》の社員《しゃいん》と同《おな》じものを用意《ようい》しなくちゃいけないと思《おも》ってこんなに苦労《くろう》したのに」

「そりゃあ、そうだな。悪《わる》かった、悪《わる》かった。じゃあ、制服《せいふく》はかんたんなものを用意《ようい》してくれたらいいよ。さあ、さっそく駅長《えきちょう》の就任式《しゅうにんしき》だぞ」


新《あたら》しい貴志川線《きしがわせん》スタートのセレモニーから九ヶ月後《げつご》の一月四日《がつよっか》が、就任式《しゅうにんしき》に決《き》まった。

その日《ひ》は、朝《あさ》から大騒《おおさわ》ぎ。お母《かあ》さんは、いつもは見《み》たこともないようなきれいなワンピースを着《き》て、髪《かみ》の毛《け》もクルンとカールしてすごくすてき。

「お母《かあ》さん、すごい、モデルさんみたい。美人《びじん》～！」

わたしたちは大騒《おおさわ》ぎ。

そこにやってきた社長《しゃちょう》さんも笑顔《えがお》で言《い》った。

「本当《ほんとう》だ、お母《かあ》さん見違《みちが》えるようだね。でもね、たま、今日《きょう》の主役《しゅやく》はおまえだよ」

そして、わたしのことを抱《だ》き上《あ》げてくれた。

社長《しゃちょう》さんに抱《だ》っこされたのは、はじめてで、わたしはちょっとびっくり、かなり緊張《きんちょう》、でも、すごくうれしくなってしまった。

「社長《しゃちょう》さん、ねこを抱《だ》っこするの上手《じょうず》だね」

「おや、そうかい。わたしは犬《いぬ》しか飼《か》ったことがないんだけど。でも、たまを抱《だ》っこするのはあったかくて気持《きも》ちいいね」

にゃあ。

わたしは甘《あま》えて、社長《しゃちょう》さんの胸《むね》に頭《あたま》をこすりつけた。

「おやおや、主役《しゅやく》にホコリがついているよ」

パタパタ。社長《しゃちょう》さんはわたしの体《からだ》のホコリをはらってきれいにして、そして、わたしを抱《だ》っこしたまま駅《えき》に出《で》て行《い》った。

パッ、パッ、パッ。

「わ、まぶしいニャン」

次々《つぎつぎ》にフラッシュがたかれた。

「なにが起《お》こったの？」

それは、「世界《せかい》で初《はじ》めてのねこの駅長《えきちょう》の就任式《しゅうにんしき》」を取材《しゅざい》しようと、日本中《にほんじゅう》から集《あつ》まってきた、新聞《しんぶん》、テレビ、雑誌《ざっし》……マスコミの人《ひと》たちだった。こんなにおおぜいの人《ひと》に見《み》つめられるのは生《う》まれて初《はじ》めてで、わたしはすっかり怖《こわ》くなってしまった。

「どうしよう、ムリかも」

逃《に》げ出《だ》したくなって振《ふ》り向《む》いたらママがわたしを見《み》ていた。

「たま、やるって決《き》めたんでしょう。町《まち》の人《ひと》たちといっしょに駅《えき》を守《まも》る、わたしたちを助《たす》けてくれた社長《しゃちょう》さんに恩返《おんがえ》しをする、立派《りっぱ》な駅長《えきちょう》さんになる、そう約束《やくそく》したんでしょう」

ママの目《め》はそう言《い》っていた。

「がんばれ、たまならできるよ。安心《あんしん》しなさい。わたしもちびもついているから」

「うん、わかった」

わたしはぐっと背中《せなか》を伸《の》ばして、せいいっぱい駅長《えきちょう》さんの威厳《いげん》を作《つく》って就任式《しゅうにんしき》に臨《のぞ》んだ。

「たま、あなたに貴志駅《きしえき》の駅長《えきちょう》を命《めい》じます」

社長《しゃちょう》さんも真面目《まじめ》な顔《かお》で辞令《じれい》を出《だ》し、わたしの頭《あたま》に駅長《えきちょう》さんのしるしの金色《きんいろ》の線《せん》が入《はい》っ

た制帽《せいぼう》をかぶせてくれた。

「謹《つつし》んでお受《う》けします。にゃあ」

自分《じぶん》でも驚《おどろ》くくらいしっかりした声《こえ》が出《で》た。

わたしの返事《へんじ》を聞《き》いて、集《あつ》まっていた人《ひと》たちから大《おお》きな拍手《はくしゅ》がおこった。

「すごいですね、たまちゃんは言葉《ことば》がわかるんですね。返事《へんじ》も立派《りっぱ》ですね」

マスコミの人《ひと》がかけよってきた。

「たまちゃん、世界《せかい》で初《はじ》めてのねこの駅長《えきちょう》に就任《しゅうにん》した今《いま》のお気持《きも》ちを聞《き》かせてください」

「え、えーと、えーと、大好《だいす》きな貴志駅《きしえき》の駅《えき》長《ちょう》としてがんばりますニャンゴ」

わたしは耳《みみ》もヒゲもピンと立《た》てて胸《むね》を張《は》って答《こた》えた。

またもや大《おお》きな拍手《はくしゅ》。

「駅長就任《えきちょうしゅうにん》おめでとうございます」

「おめでとう、たまちゃん」

みんなの声《こえ》に、「そうか、わたし本当《ほんとう》に駅長《えきちょう》さんになったんだ」って、じわじわと実感《じっかん》がわいてくる。ああ、うれしいな。

その時《とき》、テレビのカメラが近《ちか》づいてきて、キャスターの美人《びじん》なお姉《ねえ》さんが社長《しゃちょう》さんにマイクを差《さ》し出《だ》した。

キラリ。

キャスターさんの目《め》が光《ひか》る。

「社長《しゃちょう》さん、ねこの駅長《えきちょう》さんにどんなお仕事《しごと》ができるんですか。ねこに駅長業務《えきちょうぎょうむ》ができるなんて、わたしにはちょっと想像《そうぞう》できないんですけど」

わあ、ひどい。なんて意地悪《いじわる》な質問《しつもん》。

「にゃあ、にゃあ、わたし何《なん》だってするよ」

でも、社長《しゃちょう》さんは落《お》ち着《つ》いたもの。

「貴志川線《きしがわせん》はお客《きゃく》さまが少《すく》なくて廃線《はいせん》になりかけた鉄道《てつどう》です。だから、いちばん大切《たいせつ》な仕《し》事《ごと》はお客《きゃく》さまを呼《よ》ぶこと。たま駅長《えきちょう》の主《おも》な業務《ぎょうむ》も〝客招《きゃくまね》き〟なのです」

社長《しゃちょう》さん、ニヤリと笑《わら》って右手《みぎて》をあげて招《まね》きねこのポーズまでしてみせたから、町《まち》の人《ひと》もマスコミの人《ひと》も大笑《おおわら》い。

「たま駅長《えきちょう》、客招《きゃくまね》きのお仕事《しごと》をなさるんですか」

さっきのちょっと意地悪《いじわる》な質問《しつもん》をしたお姉《ねえ》さんもおどけてわたしにマイクを差《さ》し出《だ》す。

「にゃああ！」

もちろんわたしはせいいっぱい大《おお》きな声《こえ》で答《こた》えた。


その夜《よる》、日本中《にほんじゅう》のテレビにわたしの姿《すがた》が映《うつ》った。

「たまちゃん、たまちゃん、テレビに出《で》てるよ！」

お母《かあ》さんがわたしを抱《だ》き上《あ》げてお店《みせ》のテレビを見《み》せてくれた。

駅長《えきちょう》の帽子《ぼうし》をかぶって大《おお》きな声《こえ》で返事《へんじ》をするわたしと、招《まね》き猫《ねこ》みたいな格好《かっこう》の社長《しゃちょう》さん。

それにね、専務《せんむ》さんが大《おお》まじめに作《つく》ってくれた帽子《ぼうし》は大成功《だいせいこう》。

それをかぶったわたしの姿《すがた》は、自分《じぶん》で言《い》うのもなんだけど、本当《ほんとう》に本物《ほんもの》の駅長《えきちょう》らしくてすごくかっこよかった。

「ああ、わたし、本当《ほんとう》に駅長《えきちょう》さんになったんだなあ」

楽《たの》しい夢《ゆめ》を見《み》ながら眠《ねむ》って、目《め》を覚《さ》ましたら、びっくりする一日《いちにち》が待《ま》っていた。

「たまちゃん、どこにいるの」

「こんにちは、たまちゃん」

テレビを見《み》た人《ひと》たちがわたしに会《あ》いに貴志駅《きしえき》を訪《たず》ねてきてくれたの。小《ちい》さな駅《えき》は今《いま》までにないほどにぎやかになった。

「ようこそ貴志駅《きしえき》へ！」

わたしは朝《あさ》の六時《じ》から夕方《ゆうがた》五時《じ》まで駅《えき》で働《はたら》くことになった。

帽子《ぼうし》をかぶって改札台《かいさつだい》の上《うえ》に座《すわ》って、お客《きゃく》さんたちにごあいさつして、電車《でんしゃ》が出《で》るとプラットホームの見回《みまわ》りもした。

「出発進行《しゅっぱつしんこう》！　ニャン」

ママとちびも社長《しゃちょう》さんから「助役《じょやく》」という、駅長《えきちょう》さんのアシスタントのお仕事《しごと》に任命《にんめい》してもらい、張《は》り切《き》って働《はたら》いている。

今《いま》までののんびりゆっくりな毎日《まいにち》とは、ずいぶん変《か》わってしまったけれど、でも、わたしは、こんな毎日《まいにち》がかなり、ううん、ものすごく気《き》に入《い》っている。

5 気《き》がつけば人気者《にんきもの》

駅長《えきちょう》さんに就任《しゅうにん》してからの一年間《ねんかん》は、びっくりするような早《はや》さで過《す》ぎていった。

朝起《あさお》きたらご飯《はん》を食《た》べて、お昼寝《ひるね》して、お散歩《さんぽ》して、お昼寝《ひるね》して、レオちゃんと遊《あそ》んで、お昼寝《ひるね》して、ご飯《はん》を食《た》べて……なんていうのんきな日々《ひび》が今《いま》では夢《ゆめ》の中《なか》のことみたい。

毎日《まいにち》、毎日《まいにち》、おおぜいの人《ひと》がわたしに会《あ》いに来《き》てくれる。わたしは駅長《えきちょう》さんとして恥《は》ずかしくないように、胸《むね》を張《は》って、大《おお》きな声《こえ》でみんなにあいさつをする。

「わあ、たまちゃんの駅長姿《えきちょうすがた》かっこいいねえ！」

「ちゃんとお仕事《しごと》してるよ。お昼寝《ひるね》ばっかりのうちのミミとは大違《おおちが》いだねえ」

なんて、歓声《かんせい》があがる。

わたしもこの前《まえ》までは「お昼寝《ひるね》ばっかり」だったことは内緒《ないしょ》。耳《みみ》もしっぽもピンとさせて、威厳《いげん》を持《も》って駅《えき》の中《なか》を歩《ある》き回《まわ》る。

就任式《しゅうにんしき》の後《あと》もテレビや新聞《しんぶん》の取材《しゅざい》が次々《つぎつぎ》にやってきた。

「たまちゃんの働《はたら》く姿《すがた》を見《み》たいっていう人《ひと》がおおぜいいるのよ。ねこの駅長《えきちょう》たまのニュースはいつも大人気《だいにんき》」

あの意地悪《いじわる》な質問《しつもん》をしたお姉《ねえ》さんとも今《いま》では仲良《なかよ》し。子供向《こどもむ》けの新聞《しんぶん》でもわたしの記事《きじ》は評判《ひょうばん》がよくて、「もっとたまちゃんのニュースを載《の》せてください」って子供《こども》たちからハガキが来《く》るんだって。

お客《きゃく》さんたちもわたしの写真《しゃしん》を撮《と》ってインターネットに載《の》せたりするから、気《き》がついたらわたしは、「世界《せかい》で初《はじ》めて駅長《えきちょう》さんになったねこ」って、海外《かいがい》でも有名《ゆうめい》になっていた。

「Cute《キュート》！」

「귀엽다《クィヨプタ》！」

「你真可愛《ニーチェンクーアイ》！」

世界中《せかいじゅう》からお客《きゃく》さんが来《く》るようになって、今《いま》まで聞《き》いたこともなかった言葉《ことば》が飛《と》び交《か》うけど、わたしにはわかっちゃうんだ。みんな「かわいい」って言《い》ってくれてるの。ふふふ。

でも、わたしに会《あ》いに来《き》てくれるのは、そんな元気《げんき》いっぱいの人《ひと》ばかりではなかった。

ある日《ひ》、細《ほそ》い腕《うで》と小《ちい》さな体《からだ》の女《おんな》の人《ひと》が、大《おお》きな車椅子《くるまいす》に乗《の》って電車《でんしゃ》から降《お》りてきた。

「テレビでたまちゃんを見《み》て、どうしても会《あ》いたくなったんです。こんな遠《とお》くまでお出《で》かけしたの久《ひさ》しぶりだわ」

「大変《たいへん》だったでしょう」

お母《かあ》さんが労《いたわ》るように言《い》うと女《おんな》の人《ひと》は首《くび》をふった。

「この電車《でんしゃ》に乗《の》ったらね、外《そと》の景色《けしき》はきれいだし、床《ゆか》は木《き》で気持《きも》ちがいいし、疲《つか》れもとれてしまいましたよ。たまちゃん、頭《あたま》をなでさせてくれる？」

お母《かあ》さんはわたしを抱《だ》き上《あ》げて女《おんな》の人《ひと》の膝《ひざ》に乗《の》せた。

「なんてかわいいんでしょう。わたしが子供《こども》の頃《ころ》にうちにいたねことそっくり。あの頃《ころ》はわたしもまだ元気《げんき》で、その子《こ》といっしょに庭《にわ》を走《はし》り回《まわ》っていたのよ」

女《おんな》の人《ひと》は、今《いま》はもういないそのねこの面影《おもかげ》を探《さが》すようにわたしを見《み》つめた。

「いい子《こ》ねえ。こんなに小《ちい》さいのにちゃんと働《はたら》いているのね。わたしもがんばらなくちゃ」

そっと抱《だ》きしめられて、わたしにもその人《ひと》の胸《むね》のあたたかさが伝《つた》わってくる。

「遠《とお》くまで会《あ》いに来《き》てくれて、ありがとう。わたしもおばちゃんから元気《げんき》をもらったよ。わたしも、もっとがんばるよ」

わたしは胸《むね》の中《なか》でその人《ひと》に話《はな》しかける。


学校《がっこう》で辛《つら》いことが続《つづ》いて、家《いえ》から外《そと》に出《で》ることが難《むずか》しくなってしまったという男《おとこ》の子《こ》がお母《かあ》さんといっしょに来《き》てくれたこともある。

「この子《こ》、たまちゃんに会《あ》いに行《い》くなら、家《いえ》から出《で》てもいいって言《い》うんですよ」

お母《かあ》さんに言《い》われて、男《おとこ》の子《こ》はムスッとした顔《かお》のままでわたしを見《み》つめる。さっきから一言《ひとこと》もしゃべらないし、ニコリともしない。でも、その目《め》の中《なか》の不安《ふあん》そうな色《いろ》にわたしは気《き》づいていた。

「僕《ぼく》のこと好《す》きになってくれるかな、嫌《きら》われないかな。嫌《きら》いならいいや、別《べつ》に僕《ぼく》だって好《す》きじゃないもん。ちょっと気《き》になっただけだもん。ああ、でも好《す》きになってくれるかな。さわりたいな。かわいいな」

男《おとこ》の子《こ》の胸《むね》の中《なか》の声《こえ》がわたしには聞《き》こえる。

「こんにちは。来《き》てくれてありがとう、あなたのこと好《す》きだよ。にゃあ」

わたしがあいさつしたら、男《おとこ》の子《こ》は初《はじ》めてニコッと笑《わら》った。

「たま」

小《ちい》さな声《こえ》。わたしはスリスリスリ、男《おとこ》の子《こ》に体《からだ》をこすりつける。

「たま、いい子《こ》だな。お仕事《しごと》がんばるんだぞ」

「うん、あなたもね。あなたは、すてきな男《おとこ》の子《こ》だよ」

「ありがとう、たま。ぼく、明日《あした》は学校《がっこう》に行《い》ってみようかな」

男《おとこ》の子《こ》がそう言《い》ったら、その子《こ》のお母《かあ》さんの目《め》に涙《なみだ》が浮《う》かんだ。

「ありがとう、ありがとうね、たまちゃん。あなたのおかげで歩《ある》き出《だ》せそうよ」

わたしもなんだか涙《なみだ》が出《だ》そうになっちゃった。


辛《つら》かったり、悲《かな》しかったり、重《おも》たい荷物《にもつ》を抱《かか》えた人《ひと》たちの中《なか》に、わたしに会《あ》いたいと思《おも》ってくれる人《ひと》がたくさんいることにわたしは気《き》づいたの。

「たまちゃんを見《み》ると心《こころ》が明《あか》るくなる」
「イヤなことを忘《わす》れて晴《は》れ晴《ば》れする」
「やさしい気持《きも》ちになれるよ」

悲《かな》しそうな顔《かお》をしていた人《ひと》たちが、ほんの少《すこ》し元気《げんき》を取《と》り戻《もど》して、笑顔《えがお》になって帰《かえ》っていく。わたしはその後《うし》ろ姿《すがた》に話《はな》しかける。

「ばいばい、元気《げんき》でね。わたしはいつでもここにいるよ。また、会《あ》いに来《き》てね」

わたしの駅長就任《えきちょうしゅうにん》一周年《しゅうねん》のお祝《いわ》いの日《ひ》がやってきた。

その日《ひ》も貴志駅《きしえき》には朝《あさ》からマスコミの人《ひと》が集《あつ》まっていた。寒《さむ》いのが苦手《にがて》なおまっちゃんも、今日《きょう》は特別《とくべつ》って飛《と》んできてくれたし、もちろんママもちびも、道《みち》の向《む》かい側《がわ》ではレオ

ちゃんもまじめな顔《かお》で参加《さんか》している。

「たま駅長《えきちょう》のおかげで、貴志川線《きしがわせん》の乗客《じょうきゃく》はこの一年間《ねんかん》でグンと増《ふ》えました。これは、すごい業績《ぎょうせき》です」と社長《しゃちょう》さん。

「この業績《ぎょうせき》をたたえ、たま駅長《えきちょう》をスーパー駅長《えきちょう》に任命《にんめい》します」

「スーパー駅長《えきちょう》」って、会社《かいしゃ》でいうと「課長《かちょう》さん」なんだって。

「こんなスピード昇進《しょうしん》はわが社《しゃ》で初《はじ》めてです。心《こころ》からの感謝《かんしゃ》の気持《きも》ちをこめて、昇進祝《しょうしんいわ》いに駅長室《えきちょうしつ》をプレゼントします」

駅長室《えきちょうしつ》!?

嬉《うれ》しいけど……でも、すごく心配《しんぱい》になってきちゃった。だって、お客《きゃく》さんが増《ふ》えたのはわたしが駅長《えきちょう》になったからだけじゃないって、ちゃんと知《し》っていたから。

町《まち》の人《ひと》たちは、あれからもずっとがんばっていて、いつだって駅《えき》はピカピカに掃除《そうじ》されていたし、楽《たの》しいイベントも次々《つぎつぎ》に開催《かいさい》された。「いちご電車《でんしゃ》」の後《あと》には、子供《こども》たちが大喜《おおよろこ》びする「おもちゃ電車《でんしゃ》」という新《あたら》しい電車《でんしゃ》も登場《とうじょう》した。

社長《しゃちょう》さんも、鉄道会社《てつどうがいしゃ》の人《ひと》たちも、いつも寝《ね》る暇《ひま》もないくらいクルクルかけまわっていた。

「社長《しゃちょう》さん、わたしだけがこんなにお祝《いわ》いしてもらったら、みんな悲《かな》しくならないかな。専務《せんむ》さんも、秘書《ひしょ》さんも、広報《こうほう》のお姉《ねえ》さんも、昇進《しょうしん》させてあげなくていいの？　町《まち》の人《ひと》たちにもプレゼントあげなくていいの？」

「まったくだよなあ、わたしなんて朝《あさ》から晩《ばん》まで大奮闘《だいふんとう》しているのに誰《だれ》も昇進《しょうしん》させてくれないぞ。なんと！　社長室《しゃちょうしつ》もないんだぞ」

社長《しゃちょう》さんは悲《かな》しそうに言《い》った。

ど、どうしよう……。

「いやあ、たま人気《にんき》には〝TAMA《たま》げた〟。この勢《いきお》いじゃ、社長《しゃちょう》の座《ざ》ももうすぐたまにとられちゃうかもなあ」

社長《しゃちょう》さんの目《め》がいたずらそうに笑《わら》っている。なんだ、いつもの冗談《じょうだん》だ。社長《しゃちょう》さん、このちょっと滑《すべ》るギャグと駄洒落《だじゃれ》がなければかっこいいのにニャ……。

「ニャんだと」

最近《さいきん》、すっかりねこ語《ご》が通《つう》じるようになっちゃった社長《しゃちょう》さんは、メッとわたしをにらんでみせた後《あと》、今度《こんど》はちょっとまじめな顔《かお》をした。

「わたしたちにとっては、たまががんばってくれてることがプレゼントなんだよ。電車《でんしゃ》が残《のこ》れば、子供《こども》たちは学校《がっこう》に通《かよ》えるし、おじいちゃんやおばあちゃんも買《か》い物《もの》や病院《びょういん》へ行《い》ける。たまはわたしたちを助《たす》けてくれているんだから、お礼《れい》をさせておくれ」

わたしは、お母《かあ》さんに助《たす》けられて、社長《しゃちょう》さんにも助《たす》けられて、駅《えき》に住《す》めるようにしてもらって、なんだかみんなに助《たす》けてもらってばかりみたいな気《き》がしていた。

でも、そんなわたしに社長《しゃちょう》さんは「たまはわたしたちを助《たす》けてくれてる」って言《い》ってくれた。わたし、みんなの役《やく》に立《た》っているねこなの？

「わたしにお仕事《しごと》をくれてありがとう」

わたしは胸《むね》がいっぱいになってしまった。

「おや、たま駅長《えきちょう》、恥《は》ずかしくなったのかな。両手《りょうて》で目《め》を隠《かく》してるぞ」

取材《しゅざい》に来《き》ていた記者《きしゃ》の人《ひと》が言《い》う。

ううん、違《ちが》うよ。なんだか涙《なみだ》が出《で》てきちゃったの。嬉《うれ》しくても涙《なみだ》って出《で》るんだね。わたし、初《はじ》めて知《し》ったよ。

「ありがとう、社長《しゃちょう》さん。わたしもっとがんばるね」

わたしは涙《なみだ》を隠《かく》して、元気《げんき》よくにゃあと鳴《な》いてみせる。

「ああ。でも、たまも朝《あさ》から晩《ばん》までお仕事《しごと》じゃちょっと疲《つか》れちゃうだろう。駅長室《えきちょうしつ》が完成《かんせい》したら、こっそりお昼寝《ひるね》していいからな」

耳元《みみもと》で社長《しゃちょう》さんがこっそりささやく。

「社長《しゃちょう》さん！　そんなこと言《い》ってるから社長室《しゃちょうしつ》作《つく》ってもらえないんじゃないの」

「あはは。びんぼう電車《でんしゃ》のびんぼう社長《しゃちょう》だからね、ぜいたくは敵《てき》です」

「それじゃあ、時々《ときどき》、わたしの駅長室《えきちょうしつ》で休《やす》ませてあげるよ」

「そりゃあ、ありがたいな」

わたしと社長《しゃちょう》さんは顔《かお》を見合《みあ》わせて笑《わら》った。


その年《とし》の春《はる》、またもやびっくりすることが起《お》こった。

「たまさん、映画出演《えいがしゅつえん》の依頼《いらい》がきてますよ」

最近《さいきん》、「わたしはたまちゃんのマネージャーさん」と言《い》って、張《は》り切《き》っている広報《こうほう》のお姉《ねえ》さんが興奮《こうふん》して駅《えき》に現《あらわ》れた。

「女優《じょゆう》デビューですっ!! しかも、しかも、なんと、フランスの映画《えいが》です。たまさん、出《しゅっ》演《えん》オーケーのお返事《へんじ》していいですよね」

え、え、どうしよう。

「にゃんご！」

思《おも》わず返事《へんじ》をしちゃったけど……フランス映画《えいが》？ 女優《じょゆう》？ わたしにできるの⁉

それから少《すこ》しして、貴志駅《きしえき》に撮影《さつえい》チームが現《あらわ》れた。

「わ、本物《ほんもの》のフランス映画《えいが》の女優《じょゆう》さん⁉」って思《おも》った美人《びじん》の女《おんな》の人《ひと》が映画監督《えいがかんとく》さん。他《ほか》のスタッフもなんだかおしゃれでかっこいい。

「たま、わたしもフランス映画《えいが》で俳優《はいゆう》デビューだよ」

社長《しゃちょう》さんもいつもよりおしゃれしているみたい。ネクタイがピシッと決《き》まってる。

「ああ、よかった。社長《しゃちょう》さんも、いっしょに出《で》るの」

「たまの引《ひ》き立《た》て役《やく》だけどね」

わたしが出《で》る映画《えいが》は、ねこの目《め》を通《とお》して人間《にんげん》の世界《せかい》を描《えが》く映画《えいが》なんだって。

「たまさんには、世界中《せかいじゅう》で有名《ゆうめい》な〝働《はたら》くねこ〟として出演《しゅつえん》していただきます」

撮影《さつえい》スタッフさんがテキパキと説明《せつめい》してくれる。

「いつも通《どお》りお仕事《しごと》をしている姿《すがた》を撮《と》りますので、自然《しぜん》な動《うご》きでお願《ねが》いします。まずは、駅《えき》の見回《みまわ》りをしているシーンを撮《と》りますから、堂々《どうどう》とホームを歩《ある》いてください」

カメラが回《まわ》り始《はじ》めた。みんなの目《め》がいっせいにわたしに注《そそ》がれる。

「自然《しぜん》に、エーと、自然《しぜん》に堂々《どうどう》と歩《ある》かなくちゃ……って、どうすればいいんだっけ。右《みぎ》の前足《まえあし》を出《だ》したら、その次《つぎ》は？　左《ひだり》の前足《まえあし》……あれ、ちがう、あれ、右《みぎ》？　後《うし》ろ？」

考《かんが》え始《はじ》めたら頭《あたま》が真《ま》っ白《しろ》になって、いきなり心臓《しんぞう》がバクバクしはじめて、足《あし》が固《かた》まって動《うご》かなくなっちゃった。

「動《うご》け、こら、足《あし》」

わたしの足《あし》は言《い》うことをきかないでプルプルと小刻《こきざ》みに震《ふる》えている。

「え、やだ、わたしってば、もしかして緊張《きんちょう》してる？」

そう思《おも》ったら体《からだ》まで震《ふる》え始《はじ》めた。もう一歩《いっぽ》も動《うご》けそうにない。お母《かあ》さんも、ママとちびも、見学《けんがく》に来《き》た町《まち》の人《ひと》たちも、みんなが心配《しんぱい》そうな顔《かお》でわたしを見《み》ている。

おまっちゃんが桜《さくら》の木《き》の上《うえ》でしっぽをふりふりして「がんばれ」って口《くち》をパクパクさせているのが見《み》えるけど、「ダメかも」ってわたしは目《め》で訴《うった》える。

「どうしよう。わたしのせいで、日本《にほん》のねこはダメだなって思《おも》われちゃう。貴志川線《きしがわせん》をフランスの人《ひと》たちに知《し》ってもらうチャンスもなくなって、社長《しゃちょう》さんも町《まち》の人《ひと》もきっとがっかりする。逃《に》げ出《だ》したい」

そうしたら、おまっちゃんが後《うし》ろを向《む》くようにって合図《あいず》を送《おく》ってきた。

「え？　後《うし》ろを向《む》いて逃《に》げちゃえってこと？

よし、逃《に》げちゃおうか」

そう思《おも》って、振《ふ》り向《む》いたら、そこにはわたしのことをじっと見《み》つめている社長《しゃちょう》さんがいた。おまっちゃんは、社長《しゃちょう》さんを見《み》てごらんって合図《あいず》してたんだ。驚《おどろ》いたことに、社長《しゃちょう》さんは楽《たの》しそうに笑《わら》ってる。

「この人《ひと》、わたしのこと信《しん》じきって、なんの心配《しんぱい》もしてないんだ」

なんだか肩《かた》の力《ちから》が抜《ぬ》けてしまって、わたしも思《おも》わず笑《わら》ってしまう。

「あはは、よしっ、わかった！」

わたしは自分《じぶん》の足《あし》に気合《きあ》いを入《い》れた。

「ほら、信《しん》じて笑《わら》ってくれている人《ひと》をうらぎれないでしょ、がんばれわたしの足《あし》！」

一歩《ぽ》、足《あし》を踏《ふ》み出《だ》したらあとは簡単《かんたん》だった。ふわっと風《かぜ》が吹《ふ》いて、いつもの駅《えき》の景色《けしき》が広《ひろ》がって、見上《みあ》げたら木《き》の上《うえ》でおまっちゃんがおかしそうに笑《わら》っているのが見《み》えた。

わたしはいつも通《どお》りにしっぽをピンとさせてホームの端《はし》から端《はし》まで堂々《どうどう》と歩《ある》いていく。

「カット！」

監督《かんとく》さんが笑顔《えがお》で手《て》を叩《たた》いてくれる。

「素晴《すば》らしいです」

よかった。緊張《きんちょう》は嘘《うそ》みたいに消《き》えて、体《からだ》が軽《かる》くなっていた。そこからはすべて順調《じゅんちょう》。

「わたしって女優《じょゆう》の才能《さいのう》があったのかも」なんて調子《ちょうし》に乗《の》っちゃうくらい。

「次《つぎ》は、改札《かいさつ》でお客《きゃく》さんたちにあいさつをしているシーンをお願《ねが》いします」

「ミーコさんとちびさんといっしょにくつろいでいる姿《すがた》を」

そして、社長《しゃちょう》さんとの「共演《きょうえん》シーン」。

「たまのおかげで貴志川線《きしがわせん》のお客《きゃく》さんは10パーセントも増《ふ》えたんですよ」

社長《しゃちょう》さんったら、撮影《さつえい》されているのわかっているんだかいないんだか、わたしのことをなでながら、まったくいつも通《どお》りの調子《ちょうし》で楽《たの》しそうに話《はな》してる。

でも、あとで聞《き》いたら実《じつ》はけっこう緊張《きんちょう》していたみたい。

「緊張《きんちょう》して逃《に》げ出《だ》したくなったけど、たまの顔《かお》を見《み》たらがんばれたよ。だって、おまえったら、まったくわたしのことを信《しん》じきって安心《あんしん》した顔《かお》してるんだから」だって！

撮影《さつえい》が終《お》わると、美人監督《びじんかんとく》さんが感心《かんしん》したように言《い》った。

「ねこって、マイペースで自分勝手《じぶんかって》な動物《どうぶつ》だと思《おも》っていたんですけど、たまちゃんはみんなと協力《きょうりょく》して行動《こうどう》できるんですね。わたしびっくりしてしまいました」

それを聞《き》いていたおまっちゃんが、ちょっと怒《おこ》ったようにつぶやいた。

「チチ、自分勝手《じぶんかって》はいつだって人間《にんげん》の方《ほう》でしょ。自分《じぶん》たちの都合《つごう》で動物《どうぶつ》を捨《す》てたりかわいがったり。わたしたちの森《もり》を壊《こわ》してしまったり」

おまっちゃんはわたしより広《ひろ》い世界《せかい》を知《し》っているから、きっと悲《かな》しいこともたくさん見《み》ているんだね。でも、わたしの周《まわ》りにいる人間《にんげん》はみんなやさしくて思《おも》いやりのある人《ひと》たちばかりだよ。人間《にんげん》も動物《どうぶつ》も、もっとお互《たが》いにやさしくなれたらいいのにね。

「そうね、わたしもこの映画《えいが》でねこの目《め》を通《とお》して人間《にんげん》の姿《すがた》を見《み》せたいと思《おも》っているのよ。世界中《せかいじゅう》でいちばんわがままで自分勝手《じぶんかって》な動物《どうぶつ》は人間《にんげん》だって、わたしも思《おも》ってるから」

監督《かんとく》さんが言《い》った。

「でも、たまさんは楽《たの》しそうな環境《かんきょう》で働《はたら》いているわね。あなたのおかげでまわりの人間《にんげん》が元気《げんき》になっているのがよくわかる。このすてきな関係《かんけい》を世界中《せかいじゅう》の人《ひと》に伝《つた》えるわね」

そんな言葉《ことば》を残《のこ》して撮影《さつえい》チームはフランスに帰《かえ》っていった。

次《つぎ》にやってきたのは、おおぜいの中学《ちゅうがく》一年生《ねんせい》たち。

「みんなそろって遠足《えんそく》？」と思《おも》ったら、それは勉強《べんきょう》だった。町《まち》が一体《いったい》になった〝貴《き》志《し》川線《がわせん》を守《まも》る会《かい》〟や、社長《しゃちょう》さんの新《あたら》しいアイデア、その後《ご》のみんなのがんばり……そんな活動《かつどう》を勉強《べんきょう》するために来《き》たんだって。

みんな目《め》をキラキラさせて、ほっぺを赤《あか》くして、すごく真剣《しんけん》。

「大切《たいせつ》なものをみんなの力《ちから》で守《まも》ったんですね。かっこいいなあ」

「具体的《ぐたいてき》にどんなことから始《はじ》めたんですか」

みんなの質問《しつもん》に、社長《しゃちょう》さんやお母《かあ》さん、元校長先生《もとこうちょうせんせい》たちがていねいに答《こた》えている。

「では、これからはどんな活動《かつどう》をしていこうと思《おも》っていますか？」

まじめそうな女《おんな》の子《こ》が社長《しゃちょう》さんに聞《き》いた。

「約束《やくそく》の十年《ねん》が終《お》わったあとも貴《き》志《し》川線《がわせん》を残《のこ》すために、今《いま》よりもっとお客《きゃく》さんが喜《よろこ》ぶ楽《たの》しいことを考《かんが》えます。まずは〝たま電車《でんしゃ》〟を走《はし》らせたいと思《おも》っています」

「わあ！　それはすごくいいですね。みんなたまが大好《だいす》きだから大喜《おおよろこ》びしますよ！」

「いつ走《はし》るんですか」

でも社長《しゃちょう》さんは真面目《まじめ》な顔《かお》をして言《い》った。

「いつ走《はし》るかは、まだわかりません」

「え？」

「たまのおかげでお客《きゃく》さんが増《ふ》えたと言《い》っても、わたしたちはびんぼう電車《でんしゃ》ですからね。すぐに新《あたら》しい電車《でんしゃ》を作《つく》れるほどお金持《かねも》ちではないんです」

「えーっ！　せっかくすてきなアイデアなのに。じゃあ、どうするんですか」

「サポーターを募集《ぼしゅう》します。たま電車《でんしゃ》を応援《おうえん》してくれる人《ひと》に寄付《きふ》をしてもらうんです」

社長《しゃちょう》さんの話《はなし》にみんな感心《かんしん》して声《こえ》をあげてる。

「そうか！　みんなの力《ちから》を集《あつ》めるんですね！」

「こんな話《はなし》を聞《き》くと、わたしたちにも何《なに》かできそうな気《き》がしてきちゃうね」

中学《ちゅうがく》一年生《ねんせい》って十三歳《さい》なんだって。つまり、貴志川線《きしがわせん》のスタートから十年後《ねんご》、この子《こ》たちはちょうど二十歳《はたち》になってるんだ。その頃《ころ》には、大人《おとな》になったこの子《こ》たちが新《あたら》しいアイデアを持《も》ち寄《よ》って、わたしたちの駅《えき》や電車《でんしゃ》を守《まも》ってくれてるのかもしれない。

貴志駅《きしえき》の桜《さくら》の木《き》が赤《あか》や黄色《きいろ》に染《そ》まる頃《ころ》には、和歌山県《わかやまけん》の知事《ちじ》さんがやってきた。

「たま駅長《えきちょう》に和歌山県勲功爵《わかやまでナイト》の称号《しょうごう》を贈《おく》らせてください」

ん……なに？

「貴族《きぞく》の称号《しょうごう》だよ。和歌山県《わかやまけん》のために活躍《かつやく》した人《ひと》に贈《おく》られるんだ」

わたしはキョトンとしていたけれど、社長《しゃちょう》さんは大喜《おおよろこ》び。

え？　わたし、和歌山県《わかやまけん》のために何《なに》かしたっけ？

「たまに会《あ》うために貴志駅《きしえき》にくるお客《きゃく》さんが増《ふ》えたおかげで、和歌山県《わかやまけん》に遊《あそ》びにきてくれる人《ひと》もグンと増《ふ》えたんだ。これまでお荷物《にもつ》だったわたしたちのびんぼう電車《でんしゃ》が和歌山県《わかやまけん》を助《たす》ける立場《たちば》になったってわけだ。たま、大逆転《だいぎゃくてん》だぞ」

鉄道会社《てつどうがいしゃ》の人《ひと》たちもいっしょに大喜《おおよろこ》びしてくれた。

「貴族《きぞく》っていったら、やっぱりイギリスだよな」

「マントと帽子《ぼうし》を作《つく》りましょうよ」

「羽飾《はねかざ》りを付《つ》けなくちゃ」

みんなは、わたしの駅長就任《えきちょうしゅうにん》二周年《しゅうねん》の記念《きねん》の日《ひ》に、素敵《すてき》なマントと帽子《ぼうし》を贈《おく》ってくれた。社《しゃ》長《ちょう》さんの秘書《ひしょ》さんがせっせと手作《てづく》りしてくれたんだって。みんなの心《こころ》のこもったあたたかいプレゼント。

「わ、たまの羽飾《はねかざ》り、わたしのしっぽの羽《はね》より立派《りっぱ》だよ」

おまっちゃんも大騒《おおさわ》ぎ。

「うん。岡山県《おかやまけん》の牧場《ぼくじょう》のダチョウさんがプレゼントしてくれたんだよ」

「貴族《きぞく》だなんて、もしかして社長《しゃちょう》さんより偉《えら》くなっちゃったんじゃない。チュチチ」

「もうたまちゃんなんて呼《よ》べないなあ。たま公爵《こうしゃく》、たま様《さま》って呼《よ》ばないといけないなあ」

社長《しゃちょう》さんまでそんなことを言《い》う。

ねこだけど、駅長《えきちょう》で女優《じょゆう》で貴族《きぞく》だなんて、二年前《ねんまえ》には考《かんが》えてもいなかった自分《じぶん》の境遇《きょうぐう》に、ちょっと頭《あたま》がクラクラしちゃう。なんだか、楽《たの》しい夢《ゆめ》を見《み》ているみたい。


嬉《うれ》しいことはまだ続《つづ》いた。

「二周年《しゅうねん》のお祝《いわ》いに受《う》け取《と》ってください」

かけつけてくれたのは、この前貴志川線《まえきしがわせん》のことを勉強《べんきょう》しに来《き》た中学生《ちゅうがくせい》たちだった。

「これ、わたしたち一年生全員《ねんせいぜんいん》がお小遣《こづか》いを出《だ》し合《あ》って集《あつ》めたお金《かね》なんです。〝たま電《でん》車《しゃ》〟を実現《じつげん》させたくて」

「僕《ぼく》たちも〝たま電車《でんしゃ》サポーター〟にしてください」

それは、どんな大金《たいきん》よりも貴重《きちょう》なお金《かね》だった。

「だって、中学生《ちゅうがくせい》なんてお小遣《こづか》い少《すく》ないでしょう。お菓子《かし》だって、マンガだって、欲《ほ》しいものたくさんあるはずなのに……ありがとう」

その時《とき》、わたしはすごくいいことを思《おも》いついちゃった。

「そうだ。わたしも〝たま電車《でんしゃ》サポーター〟になる！」

「え？　たまがたま電車《でんしゃ》のサポーター？」

みんな怪訝《けげん》な顔《かお》をしたけれど、社長《しゃちょう》さんはパチンと手《て》を叩《たた》いて大喜《おおよろこ》び。

「そりゃあいいアイデアだ！　たまはけっこうお金持《かねも》ちだからな」

そうなんだ。映画《えいが》の出演料《しゅつえんりょう》や、これまで作《つく》ってもらったＤＶＤや写真集《しゃしんしゅう》の出演料《しゅつえんりょう》、お年玉《としだま》なんかを「いつか必要《ひつよう》になったときのために」って、社長《しゃちょう》さんが大切《たいせつ》に貯金《ちょきん》しておいてくれていたの。わたしは、その中《なか》から一万円《まんえん》をたま電車《でんしゃ》に寄付《きふ》させてもらった。

そして、春《はる》が近《ちか》づいてきた三月《がつ》の朝《あさ》、たま電車《でんしゃ》が貴志駅《きしえき》に入《はい》ってきた。待《ま》ちかねていたわたしたちはいっせいにホームへ走《はし》る。

「わあ、たまお姉《ねえ》ちゃんがいっぱいだニャ」

ホームの端《はし》で背伸《せの》びをしたちびが歓声《かんせい》をあげた。ちびの言《い》う通《とお》り、真《ま》っ白《しろ》な車体《しゃたい》には何《なん》匹《びき》も何匹《なんびき》も、座《すわ》ったり、走《はし》ったり、寝転《ねころ》んだり……、わたしの姿《すがた》が描《えが》かれている。

そして、楽《たの》しみにしていた壁《かべ》のプレート！

そこには〝たま電車《でんしゃ》サポーター〟になってくれた人《ひと》たちの名前《なまえ》が刻《きざ》まれている。いくつもの知《し》らない名前《なまえ》、いくつもの見覚《みおぼ》えのある名前《なまえ》、全部《ぜんぶ》がわたしたちを応援《おうえん》してくれている人《ひと》たちの名前《なまえ》なんだ。「和歌山大学付属中《わかやまだいがくふぞくちゅう》学校一年生一同《がっこういちねんせいいちどう》」って、お小遣《こづか》いを持《も》ってきてくれたみんなの名前《なまえ》といっしょに「スーパー駅長《えきちょう》たま」って、わたしの名前《なまえ》もちゃんと刻《きざ》まれているのをじっと見《み》つめる。

うん。わたし、これからもずっとみんなといっしょに走《はし》るんだ！

6

さようなら、ママ

楽《たの》しい毎日《まいにち》が続《つづ》いていたある日《ひ》、わたしはママの様子《ようす》がおかしいことに気《き》づいた。

雨《あめ》で外《そと》に出《で》られず、退屈《たいくつ》したちびがママにじゃれついた。

「ママ、遊《あそ》ぼうよ」

「うーん、寝《ね》ているんだからやめなさい」

ママは気怠《けだる》そうに寝転《ねころ》んで背中《せなか》を向《む》ける。でも、そんなことであきらめるちびじゃない。

「遊《あそ》ぼうよ。遊《あそ》ぼうよ。えいっ！」

ママのしっぽにじゃれついて邪魔《じゃま》をする。

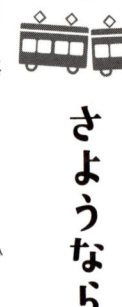

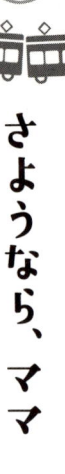

「あーあ、ちびのバカ。また、ママに怒《おこ》られるよ」

わたしは寝《ね》たふりをしたまま、薄目《うすめ》を開《あ》けてふたりをうかがっていた。ママって、実《じつ》はかなりの怒《おこ》りん坊《ぼう》。わたしたちがママの言《い》うことを聞《き》かないと、しまいには「フーッ」ってかみついたり、連続《れんぞく》ねこパンチを繰《く》り出《だ》してきたり、すごい早《はや》さで追《お》いかけてきたり。

でもね、わたしもちびも、怒《おこ》ったママから逃《に》げるの、追《お》いかけっこみたいで大好《だいす》き。

「ママの怒《おこ》りん坊《ぼう》、子《こ》ねこみたい」

なんて言《い》って、よけいにママを怒《おこ》らせておもしろがって、最後《さいご》には「ごめんなさい、ママ！　もうしません」って泣《な》き出《だ》してあやまることになる。

でも、その日《ひ》のママは違《ちが》った。

「やめなさい」

そう言《い》って目《め》を閉《と》じてしまうだけ。

「ママ、遊《あそ》んでくれないの？　ご飯《はん》も残《のこ》してるよ。わたし、食《た》べちゃうよ」

ちびが言《い》ったら、「どうぞ」だって。

わたしはびっくりして狸寝入《たぬきねい》りをやめて飛《と》び起《お》きる。

「ママ、どうしたの？　病気《びょうき》なの？」

「ちがうわよ。ちょっと疲《つか》れているだけ」

「ママ、大丈夫《だいじょうぶ》？」

「大丈夫《だいじょうぶ》よ。雨《あめ》が降《ふ》るとねこは眠《ねむ》くなるものでしょ。梅雨《つゆ》が明《あ》けたら元気《げんき》が出《で》るわよ」

ママはそう言《い》ったけれど、夏《なつ》が近《ちか》づいてきても、ママの体調《たいちょう》はよくならない。ママの食《た》べ残《のこ》したご飯《はん》をちびがこっそりいただいちゃっても、小《ちい》さなため息《いき》をひとつつくだけ。追《お》いかけてほしくて、わざといたずらしても何《なん》にも言《い》わない。

「ママ、駅《えき》にお客《きゃく》さんが来《き》てるよ」

「たまとちびでがんばって」

「だって、ちびは遊《あそ》んでばかりだもん。ママ、知《し》ってるでしょ」

今《いま》までならちびをしかって、張《は》り切《き》ってお客《きゃく》さんの相手《あいて》をしてくれたママなのに、最近《さいきん》は駅長室《えきちょうしつ》にこもったきり。

そんなある日《ひ》、ママはお母《かあ》さんの方《ほう》に行《い》こうとして、とたんにパタリと倒《たお》れてしまった。

「ミーコ！」

お母《かあ》さんは大《おお》きな声《こえ》をあげてママを抱《だ》き上《あ》げた。

「たいへん、すぐに病院《びょういん》に連《つ》れて行《い》かなくちゃ」

「お母《かあ》さん、待《ま》ってよ。わたしも行《い》く！」

そう叫《さけ》んだら、お母《かあ》さんの腕《うで》の中《なか》からママがわたしを見《み》た。

「心配《しんぱい》しないで、たま。ちょっと調子《ちょうし》が悪《わる》いだけ。お医者《いしゃ》さんがすぐに治《なお》してくれるわ」

「ママ、わたしもいっしょに行《い》く。置《お》いていっちゃやだ」

ママは苦《くる》しそうに息《いき》をしながら、ちょっと怖《こわ》い顔《かお》をしてみせた。

「なにを言《い》ってるの、たま。大切《たいせつ》なお仕事《しごと》があるでしょ。あなたは駅長《えきちょう》さんなんだから」

「でも、ママ……」

お母《かあ》さんがママを抱《かか》えて車《くるま》のドアを開《あ》ける。

「たま、ちびをお願《ねが》いね。わたしたちの駅《えき》をお願《ねが》いね。すぐに帰《かえ》ってくるから、ね」

ママはやさしい目《め》になってわたしを見《み》て、少《すこ》し笑《わら》った。ドアが閉《し》まり、ママを乗《の》せた車《くるま》はあっという間《ま》に見《み》えなくなってしまった。

「たまお姉《ねえ》ちゃん……」

ちびが不安《ふあん》そうな顔《かお》をしてわたしの隣《となり》に座《すわ》った。

「ママ、死《し》んじゃうの？」

「バカ！　ちび、へんなこと言《い》わないで！」

「だって、だって」

ちびの目《め》に涙《なみだ》がたまっている。

わたしだって泣《な》きたい。わたしだって追《お》いかけていきたい。でも今《いま》は、信《しん》じてママの帰《かえ》りを待《ま》つしかない。ここでちびといっしょに泣《な》いていたらママに怒《おこ》られる。わたしは貴志《きし》駅《えき》の駅長《えきちょう》さんだから。

新《あたら》しい電車《でんしゃ》が入《はい》ってきた。

「ようこそ、貴志駅《きしえき》へ」

わたしは胸《むね》を張《は》って大《おお》きな声《こえ》であいさつをする。


「たま、ミーコ入院《にゅういん》だって」

少《すこ》しして帰《かえ》ってきたお母《かあ》さんはがっくりと肩《かた》を落《お》としていた。

「お医者《いしゃ》さんにも原因《げんいん》がよくわからないんだって」

「治《なお》る？」

「治《なお》るわよ。お医者《いしゃ》さんが手術《しゅじゅつ》をしてくれるから、きっとすぐによくなるわ」

ちびの命《いのち》を助《たす》けた時《とき》みたいに、わたしにできることがあればいいのに。でも、手術《しゅじゅつ》なんて……。今《いま》のわたしにできることは何《なん》にもないみたい。

「できること、いっぱいあるよ。たまが元気《げんき》なかったら、ママだって心配《しんぱい》で病気《びょうき》が重《おも》くなっちゃうよ。元気《げんき》にお仕事《しごと》するんだよ」

おまっちゃんがはげますように言《い》う。

「うん……」

「ね、みんなでお祈《いの》りして待《ま》っていよう。きっと元気《げんき》になって帰《かえ》ってくるよ。チュチュ」

わたしたちはいっしょうけんめいに祈《いの》った。レオちゃんもおまっちゃんも、いっしょに祈《いの》ってくれたし、お母《かあ》さんはママの大好物《だいこうぶつ》のササミを持《も》って、毎日《まいにち》、病院《びょういん》へお見舞《みま》いに出《で》かけた。

数日後《すうじつご》、病院《びょういん》からの電話《でんわ》でかけ出《だ》していったお母《かあ》さんが目《め》をまっ赤《か》にして帰《かえ》ってきた。

お母《かあ》さんの腕《うで》に抱《だ》かれているのは、ママ!?

わたしはダッシュでかけよる。

「ママ、帰《かえ》ってきたの！」

でも、ママはぐったりとしたままピクリとも動《うご》かない。

「たま、ミーコは天国《てんごく》へ行《い》ったのよ」

「うそだよ!?」

だって、わたし、ママにさよならだって言《い》っていない。

「すぐ帰《かえ》ってくる」って、ママはそう言《い》ったのに。

「やだあ、やだあ、やだあ」

ちびが大声《おおごえ》で泣《な》き出《だ》した。

「ママ、死《し》んじゃいやだあ」

「ちび、たま……。ミーコの代《か》わりにわたしがおまえたちを守《まも》るからね」

お母《かあ》さんがわたしとちびのことを抱《だ》き寄《よ》せてくれた。

「病院《びょういん》でもご飯《はん》をぜんぜん食《た》べられなくて、大好物《だいこうぶつ》のササミも食《た》べられなくて、こんなにペッチャンコになっちゃったのよ」

お母《かあ》さんの目《め》から涙《なみだ》がジャバジャバと音《おと》をたてそうな勢《いきお》いで流《なが》れてくる。わたしはお母《かあ》さんの涙《なみだ》をペロリと舐《な》める。

レオちゃんとおまっちゃんが、何《なに》も言《い》わず、ただ、とても悲《かな》しくてやさしい目《め》をして、少《すこ》し離《はな》れたところからわたしたちを見守《みまも》っているのがわかる。

「ママ……」

わたしたちは体《からだ》を寄《よ》せあうようにして、ママのいなくなってしまった貴志駅《きしえき》を見《み》つめる。

「ママがいなかったら、わたしがんばれないよ」

いやだ。ママのいない駅《えき》で働《はたら》くなんて、もういやだ。わたしは小《ちい》さなねこだもの。駅長《えきちょう》さんなんて、最初《さいしょ》から無理《むり》だったんだ。

真《ま》っ暗《くら》な夜《よる》が来《き》た。

最終電車《さいしゅうでんしゃ》が行《い》ってしまったあとの駅《えき》がこんなに暗《くら》くて静《しず》かだったこと、今《いま》まで気《き》づいていなかった。

ママがいたから。

「怖《こわ》いよ……ママ」

その時《とき》、ママの声《こえ》が聞《き》こえた。

「たま！　しっかりしなさい。あなたを支《ささ》えていたのはママひとりじゃないでしょ」

「ママ」

「小《ちい》さなあなたを家族《かぞく》にしてくれた人間《にんげん》のお母《かあ》さん、この駅《えき》に住《す》めるようにしてくれた社《しゃ》長《ちょう》さん、町《まち》の人《ひと》たち……みんながあなたを支《ささ》えてくれているんでしょう」

「……」

「もうすぐ朝《あさ》が来《く》るわ。朝《あさ》が来《き》て、電車《でんしゃ》が駅《えき》に入《はい》ってきて、お客《きゃく》さんたちが降《お》りてくる」

わたしは、これまで出会《であ》ったたくさんの人《ひと》たちのことを思《おも》い出《だ》す。

遠《とお》い外国《がいこく》からわたしに会《あ》いに来《き》てくれた人《ひと》たち、車椅子《くるまいす》のあの女《おんな》の人《ひと》、学校《がっこう》に行《い》けなくなっちゃったあの男の子《おとこ》、たま電車《でんしゃ》のサポーターになってくれた中学生《ちゅうがくせい》たち。

みんな、「たまががんばってお仕事《しごと》している姿《すがた》を見《み》ると、自分《じぶん》もがんばらなくちゃって元気《げんき》が出《で》るんだ。ありがとう」って言《い》ってくれた。

それに、この駅《えき》はどうなるの？　貴志川線《きしがわせん》を応援《おうえん》してくれているみんなは？

「たまが、おはよう、いってらっしゃいって言《い》ってくれるから、仕事《しごと》に行《い》くのも楽《たの》しいよ」って言《い》ってくれる町《まち》の人《ひと》たちは？

「この駅《えき》が好《す》きなんでしょう。たまのおうちなんでしょう」

「わたしを置《お》いていっちゃって、ママの大《おお》バカ。でも、わかったよ。わたしはここでがんばるから、ちゃんと見守《みまも》っていてよ」

「はいはい、いつだってそばにいますよ、駅長《えきちょう》さん」

スーッと風《かぜ》が吹《ふ》いてわたしのヒゲが揺《ゆ》れて、ママの笑《わら》う声《こえ》が確《たし》かに聞《き》こえた。

真《ま》っ暗《くら》な貴志駅《きしえき》でわたしはひとりぼっちでわんわん泣《な》いた。

体中《からだじゅう》の水分《すいぶん》が抜《ぬ》けちゃうんじゃないかっていうくらい泣《な》いた。

でも、その間《あいだ》ずっと、ママがそばにいることをわたしは感《かん》じていたんだ。

空《そら》が少《すこ》しずつ明《あか》るくなっていくのが見《み》えて、最初《さいしょ》の鳥《とり》の声《こえ》が聞《き》こえた。

「たま、じゃあね」

もう一度《いちど》、風《かぜ》が吹《ふ》いた。

わたしは涙《なみだ》でぐしゃぐしゃになった顔《かお》を洗《あら》って駅《えき》へ出《で》て行《い》く。始発電車《しはつでんしゃ》がやってくる。

「おはようございます」

うっかり涙《なみだ》がこぼれたりしないよう、上《うえ》を向《む》いて、わたしは大《おお》きな声《こえ》であいさつをする。

7 悲《かな》しみの次《つぎ》に来《く》るもの

ママのお葬式《そうしき》の日《ひ》、社長《しゃちょう》さんはわたしを抱《だ》きしめて、「たま、泣《な》くんじゃないよ、ミーコは風《かぜ》になって、いっしょにいるんだよ」って言《い》ってくれた。

だけど、ママのいない貴志駅《きしえき》は、やっぱり今《いま》までとは少《すこ》し違《ちが》う。

わたしは、生《う》まれて初《はじ》めてママのいない春《はる》を迎《むか》えた。

「ねえ、おまっちゃん。わたし、小《ちい》さかった頃《ころ》は世界《せかい》ってずっと変《か》わらないんだって思《おも》ってた」

駅《えき》のホームでわたしは木《き》の上《うえ》のおまっちゃんに話《はな》しかける。

「春《はる》になったら桜《さくら》が咲《さ》いて、夏《なつ》には緑《みどり》の葉《は》がしげって、そうやって季節《きせつ》はくり返《かえ》して、また同《おな》じ春《はる》が来《く》るんだって思《おも》ってた」

「うん。ミーコママがいない世界《せかい》なんて、想像《そうぞう》していなかったよね。いろんなことが変《か》わるんだね。たまも、すっかり大人《おとな》になったし、偉《えら》くなったし」

「偉《えら》くなんてなってないよ」

でも、三回目《かいめ》の駅長就任記念《えきちょうしゅうにんきねん》のセレモニーでわたしは「執行役員《しっこうやくいん》」なんていう偉《えら》い肩書《かたが》きをもらってしまった。そして、その日《ひ》、社長《しゃちょう》さんが衝撃《しょうげき》の発表《はっぴょう》をしたんだ。

「たま駅長《えきちょう》のおかげで、お客《きゃく》さまがたくさん増《ふ》えました。今年《ことし》は、そのお祝《いわ》いに新《あたら》しい駅《えき》舎《しゃ》を造《つく》ります」

そんな話《はなし》、聞《き》いていなかったからわたしはびっくりしてしまった。

「サプライズのプレゼントだよ、たま」

社長《しゃちょう》さんは得意《とくい》そうだったけれど、わたしはプリプリ怒《おこ》った。

「だって、ここはわたしが生《う》まれて、ママといっしょに過《す》ごした大切《たいせつ》な駅《えき》だよ。この駅《えき》で社長《しゃちょう》さんとも出会《であ》って、駅長《えきちょう》さんになって、みんなと過《す》ごしてきたんだよ」

「そうだなあ」

社長《しゃちょう》さんも頷《うなず》いた。

「実《じつ》はね、わたしもずいぶん悩《なや》んだんだ。昔《むかし》からある駅舎《えきしゃ》を守《まも》る方《ほう》がいいのか、それとも新《あたら》しい駅舎《えきしゃ》を造《つく》る方《ほう》がいいのかって」

「そうでしょ、ニャゴ」

「ここにはたくさんの思《おも》い出《で》があるからね。それを守《まも》ることも大切《たいせつ》だ。でもね、思《おも》ったんだ。貴志駅《きしえき》も駅《えき》の思《おも》い出《で》もなくならない。新《あたら》しくなるのは駅舎《えきしゃ》だけだって」

わたしは社長《しゃちょう》さんを見上《みあ》げる。

「この駅舎《えきしゃ》は小《ちい》さくて古《ふる》いだろう。かわいいけれど、お客《きゃく》さんが増《ふ》えた今《いま》は、狭《せま》くてみんなに不便《ふべん》をかけているところも多《おお》いし、車椅子《くるまいす》やベビーカーだと動《うご》きづらい」

うーん。そうなんだよね。たくさんのお客《きゃく》さんが来《き》た日《ひ》は、駅舎《えきしゃ》に入《はい》りきれない人《ひと》もいるし、座《すわ》って休《やす》んだりする場所《ばしょ》もない。

「わたしの夢《ゆめ》を知《し》ってるかい？」

社長《しゃちょう》さんがわたしの目《め》を見《み》て言《い》った。

「わたしは、十年後《ねんご》だけじゃなくて、二十年後《ねんご》も三十年後《ねんご》も貴志川線《きしがわせん》が無《な》くならないようにするためにここに来《き》たって言《い》っただろう。でもね、その先《さき》の夢《ゆめ》もあるんだ」

「え、その先《さき》の夢《ゆめ》？」

「遠《とお》くからお客《きゃく》さんに来《き》てもらうだけじゃなくて、この土地《とち》を大好《だいす》きになって、ここに住《す》む人《ひと》を増《ふ》やしたいっていうことなんだ」

わたしはびっくりして社長《しゃちょう》さんの顔《かお》を見《み》た。

「毎日《まいにち》、たくさんの人《ひと》が貴志川線《きしがわせん》に乗《の》って会社《かいしゃ》や学校《がっこう》に行《い》き、買《か》い物《もの》に行《い》き、帰《かえ》ってくる。駅《えき》のまわりには住《す》みやすそうな家《いえ》が建《た》ち、すてきなお店《みせ》が並《なら》び、子供《こども》たちの笑《わら》い声《ごえ》が聞《き》こえる。電車《でんしゃ》に乗《の》る人《ひと》がいないなんて心配《しんぱい》することももうないよ」

はわわわ〜、そんなことまで考《かんが》えていたの。

貴志川線《きしがわせん》のまわりの新《あたら》しい町《まち》。駅《えき》を行《い》き交《か》う人《ひと》たちの楽《たの》しそうな姿《すがた》……わたしにも見《み》える気《き》がした。

「だからね、古《ふる》いものを守《まも》りながら、未来《みらい》に向《む》かう新《あたら》しい道《みち》もいっしょに作《つく》ろうよ、たま」

そうして、新《あたら》しい駅舎《えきしゃ》の工事《こうじ》が始《はじ》まった。

古《ふる》い駅舎《えきしゃ》が取《と》り壊《こわ》されたときは、やっぱりさびしくてちょっとだけ泣《な》いた。

「新《あたら》しいおうちができるまでは、いっしょに住《す》んだらいいよ」

レオちゃんが言《い》ってくれて、たこ焼《や》き屋《や》さんの隣《となり》にわたしたちの仮住《かりず》まいを作《つく》ってもらった。

カンカンカン、ガーッ、ゴゴゴ、ダンダン。

何日《なんにち》も、何週間《なんしゅうかん》も、何《なん》ヶ月《げつ》も、貴志駅《きしえき》には工事《こうじ》の音《おと》が響《ひび》いていた。

トラックやブルドーザー、クレーン車《しゃ》が出入《ではい》りし、たくさんの職人《しょくにん》さんが汗《あせ》をかきながら働《はたら》いていた。

駅舎《えきしゃ》の屋根《やね》には「桧皮葺《ひわだぶき》」という昔《むかし》からの技術《ぎじゅつ》が使《つか》われていて、その屋根《やね》を作《つく》るためにみんなから「親方《おやかた》」って呼《よ》ばれている職人《しょくにん》さんがやってきた。

「わたし、見《み》に行《い》ってくる」

おまっちゃんは好奇心《こうきしん》いっぱいで見学《けんがく》しに行《い》って、すっかり感心《かんしん》して帰《かえ》ってきた。

「親方《おやかた》ってすごいよ！　ねこより高《たか》いところにすいすい登《のぼ》って、木《き》の皮《かわ》を使《つか》って上手《じょうず》に屋《や》根《ね》を作《つく》るの。わたしたち鳥《とり》だって巣作《すづく》りには自信《じしん》があるけど、あんなきれいなカーブはぜつたいムリ！　ねこより鳥《とり》よりすごい人間《にんげん》だよ。かっこいい！」

そうして、少《すこ》しずつ新《あたら》しい駅舎《えきしゃ》ができあがっていく。

「和歌山県《わかやまけん》の昔《むかし》の名前《なまえ》は紀《き》の国《くに》。きのくに、木《き》の神様《かみさま》の国《くに》なんだ。だから、新《あたら》しい駅《えき》は和《わ》歌山県《かやまけん》の木《き》で造《つく》ることにしたんだよ」

社長《しゃちょう》さんが言《い》っていた通《とお》り、いい匂《にお》いのする木材《もくざい》を積《つ》んだトラックが何台《なんだい》もやってきて、わたしはワクワクしてきた。

驚《おどろ》いたことに、完成《かんせい》した駅舎《えきしゃ》はなんとねこの顔《かお》！　入《い》り口《ぐち》には「たまミュージアム貴志《きし》駅《えき》」と大《おお》きく書《か》かれている。

そして、真夏《まなつ》のある日《ひ》、社長《しゃちょう》さんがやってきて言《い》った。

「さあ、たま、ついに完成《かんせい》だ。中《なか》に入《はい》ってごらん」

初《はじ》めて中《なか》に入《はい》る新《あたら》しい駅舎《えきしゃ》はとても素敵《すてき》だった。杉《すぎ》や檜木《ひのき》の香《かお》りが漂《ただよ》って、まるで森《もり》の中《なか》にいるみたい。ねこの目《め》の形《かたち》の天窓《てんまど》から、木漏《こも》れ日《び》のようにお日《ひ》さまが降《ふ》り注《そそ》いでいる。

あんまりうれしくて、子《こ》ねこみたいにはしゃいだ気持《きも》ちになって、ゴロン、床《ゆか》にひっくり返《かえ》ってしまった。

ゴロン、ゴロン、ゴロン、ああ、いい匂《にお》い、いい気《き》持《も》ち。

「はっ！」

みんなの視線《しせん》に気《き》がついて、あわてて飛《と》び起《お》きる。

いけない！　わたしはこの駅《えき》の駅長《えきちょう》さんだった！

「気《き》に入《い》ってくれたかい」

社長《しゃちょう》さん、こぼれるような笑顔《えがお》でわたしを見《み》ている。

「も、もちろん。すばらしい駅舎《えきしゃ》でございますニャ」

みんなが見《み》ている前《まえ》で、子《こ》ねこみたいにはしゃいでしまったことが恥《は》ずかしくて、ごまかそうとして伸《の》びをして、ペロリと顔《かお》を洗《あら》う。

「たまが喜《よろこ》んでくれるか、それがいちばん心配《しんぱい》だったんだよ。ああ、よかった」

心《こころ》からホッとしたという様子《ようす》の社長《しゃちょう》さん。

「たまが駅長《えきちょう》さんのお仕事《しごと》をがんばってくれたから、新《あたら》しい駅舎《えきしゃ》が造《つく》れたんだよ。びんぼうな駅《えき》が世界《せかい》でいちばん楽《たの》しい駅《えき》に生《う》まれかわったんだ。きっと世界中《せかいじゅう》のお客《きゃく》さんがこの新《あたら》しい駅《えき》に遊《あそ》びに来《き》てくれるぞ」

社長《しゃちょう》さんの言葉《ことば》通《どお》り、新《あたら》しい駅舎《えきしゃ》はよその国《くに》でも話題《わだい》になった。

駅舎《えきしゃ》の完成《かんせい》披露《ひろう》のセレモニーから少《すこ》しして、社長《しゃちょう》さんが一通《いっつう》の手紙《てがみ》を持《も》ってきてくれた。

「たま、フランスから手紙《てがみ》だ！」

あの美人《びじん》の映画《えいが》監督《かんとく》からだった。

「親愛《しんあい》なるたま駅長《えきちょう》

あなたの新《あたら》しい駅《えき》を見《み》ました。

わたしたちが駅《えき》を撮影《さつえい》した頃《ころ》から、なんという変化《へんか》でしょう！

素晴《すば》らしい駅《えき》ですね。おめでとうございます。

たまちゃん、あなたはこの駅《えき》で立派《りっぱ》に仕事《しごと》をしているんですね。

この駅《えき》を使《つか》う人《ひと》たちに満足《まんぞく》を与《あた》えて、ちゃんとサービスを提供《ていきょう》して、駅《えき》だけでなく和歌《わか》山県全体《やまけんぜんたい》も元気《げんき》にしてしまったんですね。

〝不法滞在《ふほうたいざい》〟のねこだったあなたを駅長《えきちょう》さんに任命《にんめい》することで助《たす》けた社長《しゃちょう》さんのやさしさとアイデアが、すばらしい結果《けっか》の第一歩《だいいっぽ》だったのね。

あなたのおかげで和歌山県《わかやまけん》のいちごはフランスでも有名《ゆうめい》になったのよ。

たまちゃん、あなたは〝カワイイ〟だけではないのですよね。

あなたのことを思《おも》い浮《う》かべると、世界中《せかいじゅう》の人《ひと》が心《こころ》の中《なか》で自由《じゆう》に貴志駅《きしえき》まで旅《たび》をすることができます。あなたは、パワフルで頼《たの》もしい電車《でんしゃ》のエンジンみたい。

あなたはわたしの憧《あこが》れです。

これまでのあなたのお仕事《しごと》に敬意《けいい》を示《しめ》します。

でも、休日《きゅうじつ》を楽《たの》しく過《す》ごすことも忘《わす》れないでね」

それはとっても素敵《すてき》なお手紙《てがみ》だった。
わたしのこれまでの仕事《しごと》をちゃんと見《み》ていてくれた人《ひと》がいるって、本当《ほんとう》に嬉《うれ》しいこと。

この新《あたら》しい駅《えき》で、わたしはまたたくさんの思《おも》い出《で》を作《つく》ろう。ここに来《き》てくれる人《ひと》たちに、
すてきなたくさんの思《おも》い出《で》を作《つく》ってもらおう。

8
未来《みらい》にしあわせのバトンを

ポカポカ、冬《ふゆ》の日《ひ》だまりの中《なか》、お母《かあ》さんがわたしをブラッシングしてくれている。

「たま、いっしょに暮《く》らすようになってからもう十二年《ねん》もたつのね」

「うん。いろんなことがあったねえ」

「おまえも少《すこ》しおばあちゃんになったわね」

「し、失礼《しつれい》にゃ！　わたしはまだピチピチだにゃん！」

でも、この頃《ごろ》は走《はし》り回《まわ》って遊《あそ》ぶよりも、こうしてのんびりしているのがいちばん好《す》き。

お母《かあ》さんの膝《ひざ》の上《うえ》はあたたかくて、やさしくブラッシングされているとウトウト眠《ねむ》くなってきちゃう。

そんなわたしたちのおしゃべりを聞《き》いていたみたいに、わたしの五回目《かいめ》の駅長就任記念《えきちょうしゅうにんきねん》日《び》、社長《しゃちょう》さんから重大発表《じゅうだいはっぴょう》があった。

「ニタマを駅長見習《えきちょうみなら》いに任命《にんめい》する」

社長《しゃちょう》さんに呼《よ》ばれて現《あらわ》れたのは、わたしとよく似《に》た三毛猫《みけねこ》の女《おんな》の子《こ》。わたしより毛《け》がフサフサと長《なが》くて、美人《びじん》？

「社長《しゃちょう》さん、どういうことなの」

もうわたしはいらないの？　縁起《えんぎ》のいい三《み》毛猫《けねこ》ならわたしじゃなくてもいいの？

「おいおい、なにバカなこと言《い》うんだい」

社長《しゃちょう》さん、ちょっと怒《おこ》った顔《かお》。

「たまを、どれほど大事《だいじ》に思《おも》っているか、大《だい》好《す》きか、わからないなんて悲《かな》しくなるよ」

「だって……」

「ニタマはたまの部下《ぶか》だよ」

「部下《ぶか》？」

「たまは駅長《えきちょう》の仕事《しごと》をがんばってどんどん出世《しゅっせ》しただろう。偉《えら》くなったら新《あたら》しい役目《やくめ》も生《う》まれてくる。それって何《なん》だと思《おも》う？」

「新《あたら》しい役目《やくめ》？」

「うん。それはね、後輩《こうはい》を育《そだ》てることなんだよ。自分《じぶん》でなにもかも全部《ぜんぶ》の仕事《しごと》をするのはムリだからね。いっしょにがんばれる仲間《なかま》を育《そだ》てていくことが大事《だいじ》なんだ。わたしにも何《なん》百人《びゃくにん》も部下《ぶか》がいるよ」

「ふうん。部下《ぶか》を育《そだ》てるって、学校《がっこう》の先生《せんせい》みたいなもの？」

「うーん、ちょっと違《ちが》うけど……まあ似《に》ているかな」

なんだか少《すこ》しわかってきた。子《こ》ねこの頃《ころ》、わたしはママからいろんなことを教《おし》えてもらった。ご飯《はん》の食《た》べ方《かた》、体《からだ》の洗《あら》い方《かた》、身《み》を守《まも》るために気《き》をつけること…。

そうやって教《おし》えてもらったから、わたしは一人前《いちにんまえ》のねこになれたんだ。

「それに、美人監督《びじんかんとく》の手紙《てがみ》にも書《か》いてあったじゃないか〝休日《きゅうじつ》を楽《たの》しく過《す》ごすことも忘《わす》れないで〟って。安心《あんしん》して仕事《しごと》を任《まか》せられる部下《ぶか》を育《そだ》てて、たまもう少《すこ》しゆっくりしなさい。そのうち長期休暇《ちょうききゅうか》をとっていっしょに温泉《おんせん》でも行《い》こう」

社長《しゃちょう》さん、お茶目《ちゃめ》にウインク。

それから、わたしとニタマのドタバタ修業《しゅぎょう》が始《はじ》まった。

ニタマは美人《びじん》だし、わたしみたいに草《くさ》むらで生《う》まれたねこじゃなくて、どこかのペットショップで生《う》まれたセレブなねこだと思《おも》っていたんだけど、それは違《ちが》った。雨《あめ》の日《ひ》に、国《こく》道《どう》を泥《どろ》だらけになって歩《ある》いていて、車《くるま》にひかれそうになっていたところをわたしたちの鉄《てつ》道会社《どうがいしゃ》の社員《しゃいん》さんに助《たす》けられたんだって。

「わたしたちの会社《かいしゃ》のモットーは思《おも》いやりだからね。住《す》む場所《ばしょ》のないねこを助《たす》けていっしょに働《はたら》けば、ねこもわたしたちも幸《しあわ》せになれるだろう」

そんな話《はなし》を社長《しゃちょう》さんから聞《き》かされて、わたしもさらに気合《きあ》いが入《はい》る。自分《じぶん》と同《おな》じ、住《す》む場所《ばしょ》のないねこだったニタマを立派《りっぱ》に育《そだ》ててあげなくちゃ。

見習《みなら》いとして貴志駅《きしえき》にやってきたニタマは、姿勢《しせい》を正《ただ》して力《ちから》いっぱいあいさつした。

「たま先輩《せんぱい》のような立派《りっぱ》な駅長《えきちょう》になれるようにがんばるです、にゃあ。よろしくお願《ねが》いしますです！」

ニタマったら勢《いきお》い余《あま》って駅長《えきちょう》の立《た》つ台《だい》の上《うえ》から転《ころ》がり落《お》ちそうになってる。この子《こ》、ちょっととんちんかんな気《き》がして、わたしの胸《むね》に不安《ふあん》の黒《くろ》い雲《くも》が広《ひろ》がる。

「ニタマ、ほら電車《でんしゃ》が着《つ》いたらお客《きゃく》さんのお出迎《でむか》えしなくちゃいけないのに！　ニタマ、ニタマ、どこにいるの？」

「はいっ！　毛《け》づくろいして、お顔《かお》を洗《あら》ってましたニャ」

「へ⁉」

「だって、たま先輩《せんぱい》が、駅長《えきちょう》さんはいつもさわやかにかわいらしくって…」

「そ、そうだけど。そういうのは、ヒマな時間《じかん》にすませておいてよ！」

「だって、覚《おぼ》えることがいっぱいでヒマな時間《じかん》はなかったのニャ」

どうもこの子《こ》、天然《てんねん》なうえにわたしに輪《わ》をかけたのんびり、おっとりした性格《せいかく》みたい。

いっしょうけんめいにやっているのはわかるんだけど……。

「ニタマ、電車《でんしゃ》が出《で》て行《い》ったら安全確認《あんぜんかくにん》だよ。はい、こうやって指差《ゆびさ》し確認《かくにん》して、なにも問題《もんだい》なかったら、〝安全《あんぜん》よし〟って言《い》うんだよ」

「え、え、こうやって指差《ゆびさ》して〝安全《あんぜん》だニャア〟」

「ちがう〜、ちがう〜」

どこからどう見《み》ても、ニタマの指差《ゆびさ》しは招《まね》き猫《ねこ》の手《て》。

「それじゃあ招《まね》き猫《ねこ》でしょ。それに〝安全《あんぜん》だニャア〟じゃなくて〝安全《あんぜん》よし〟だよ」

「え、え、こう？」

「それじゃあ、ねこパンチだよ」

ああもう、ああもう、かわいいけど、駅長《えきちょう》さんになるなら、それじゃダメなんだよ。

「フーッ、ハーッ！」

わたしは思《おも》わずニタマに向《む》かって声《こえ》を荒《あら》らげる。

「まじめにやって！　そんなんじゃ、駅長《えきちょう》の仕事《しごと》は任《まか》せられない」

ニタマ、またもや招《まね》き猫《ねこ》のポーズ。

「……はい……ニャン全《ぜん》によし。あれ、間違《まちが》えちゃった、テヘ」

「ふざけてるの？　もういい！　やる気《き》がないなら帰《かえ》って」

わたしが怒鳴《どな》ると、ニタマは泣《な》きそうな顔《かお》でわたしを見《み》てかけ出《だ》していってしまった。

「たま先輩《せんぱい》はわたしのことが嫌《きら》いなんだ。もう、駅長《えきちょう》になる勉強《べんきょう》、教《おし》えてもらえないんだ。おうちに帰《かえ》る……」

え、本当《ほんとう》に帰《かえ》っちゃうつもり？

「わたしだって部下《ぶか》を育《そだ》てるのなんて初《はじ》めてだもん…どうしたらいいかわからないよ。でも、ニタマが立派《りっぱ》なねこの駅長《えきちょう》さんになれなかったらわたしの責任《せきにん》なんだ」

こんな怒《おこ》ってばかりの先輩《せんぱい》なんて失格《しっかく》だよね。どうしたらいいんだろう。こんな時《とき》、ママがいてくれたらいいのに。

泣《な》きそうな気持《きも》ちで駅長室《えきちょうしつ》でうずくまっていたらコンコン、ガラスをつつく音《おと》がした。

「チチチ、たま、たま」

「おまっちゃん」

「出《で》てきなよ。そっと駅《えき》の裏《うら》に行《い》ってごらん」

駅《えき》の裏《うら》に行《い》くと、こちらに背中《せなか》を向《む》けて泣《な》いているニタマがいた。レオちゃんが隣《となり》に座《すわ》ってニタマの話《はなし》を聞《き》いてあげている。

「たま先輩《せんぱい》に嫌《きら》われちゃった。わたしがダメなねこだから、あきれて怒《おこ》っちゃったんだ。たま先輩《せんぱい》はなんでもできるねこなのに、どうしてわたしは何《なに》をやってもダメなの」

「ニタマちゃんはダメなねこじゃないし、たまちゃんはニタマちゃんのこと嫌《きら》いになってなんかいないよ」

レオちゃんがニタマの涙《なみだ》をペロンと舐《な》めてあげてる。

「たまちゃんはニタマちゃんに立派《りっぱ》な駅長《えきちょう》になって欲《ほ》しいんだよ。たまちゃんは、世界《せかい》で初《はじ》めてのねこの駅長《えきちょう》さんでしょ。誰《だれ》も教《おし》えてくれる人《ひと》がいないから、人間《にんげん》の社長《しゃちょう》さんやお母《かあ》さんに相談《そうだん》しながら全部《ぜんぶ》自分《じぶん》で考《かんが》えてやってきたんだよ」

「うっ、うっ、わたしは何《なん》でも教《おし》えてもらって、それなのに何《なん》にもできないダメなねこなんだ。嫌《きら》われて当然《とうぜん》なんだ」

「ちがうよ〜、ニタマちゃん。わたし、たまちゃんとは長《なが》いつきあいだけど、たまちゃんは嫌《きら》いだからって怒《おこ》ったり意地悪《いじわる》したりするようなねこじゃないよ。わたし、あんなたまちゃん初《はじ》めて見《み》たよ。それだけ真剣《しんけん》なんだよ。自分《じぶん》が苦労《くろう》して覚《おぼ》えたことを、ニタマちゃんに全部《ぜんぶ》教《おし》えようとしてるんだよ」

「でもでも」

「ニタマちゃんは？　怒《おこ》られてたまちゃんのこと嫌《きら》いになった？」

「まさかまさか。たま先輩《せんぱい》はわたしの憧《あこが》れだもん」

子《こ》ねこの頃《ころ》のニタマを世話《せわ》してくれたのは、わたしたちの鉄道会社《てつどうがいしゃ》の広報《こうほう》のお姉《ねえ》さん。お姉《ねえ》さんはニタマに「ねこのたま駅長《えきちょう》」のことをいつもいつも話《はな》して聞《き》かせていたんだって。

「たま駅長《えきちょう》はね、世界《せかい》で初《はじ》めて駅長《えきちょう》さんになった立派《りっぱ》なねこなのよ。世界中《せかいじゅう》にファンがいて、たくさんの人《ひと》を元気《げんき》にしてきたねこなの。わたしたちの電車《でんしゃ》もたま駅長《えきちょう》のおかげで元《げん》気《き》になったのよ」

「へ～！　そんなすごいねこがいるんだ。会《あ》ってみたいなあ」

小《ちい》さなニタマは、わたしに憧《あこが》れて、「いつか自分《じぶん》も駅長《えきちょう》さんになりたい」っていう夢《ゆめ》を持《も》つようになった。

「だから、たま駅長《えきちょう》の部下《ぶか》になれるって言《い》われたときは夢《ゆめ》かと思《おも》って自分《じぶん》のしっぽを力《ちから》いっぱいかんじゃった」

「痛《いた》かった？」

レオちゃんがニタマのしっぽを舐《な》める。

「うん。すごく痛《いた》かった。だから、夢《ゆめ》じゃないってわかったの。それで、ぜったいにたま駅長《えきちょう》みたいな立派《りっぱ》なねこになるんだって張《は》り切《き》っていたのに……」

ニタマはしょんぼりとうつむいてしまう。

「ニタマ」

思《おも》わずかけよると、振《ふ》り向《む》いたニタマの目《め》からポロポロポロ、大粒《おおつぶ》の涙《なみだ》がこぼれ落《お》ちた。

「たま先輩《せんぱい》。わたし、駅長《えきちょう》さんになりたい。たま先輩《せんぱい》みたいになりたい」

「うん、うん、なれるよ」

「帰《かえ》らなくてもいい？」

「あたりまえだよ。言《い》い過《す》ぎちゃってごめん」

「た、た、たま先輩《せんぱい》、わたしのこと、き、嫌《きら》いじゃない？」

「嫌《きら》いなわけがないじゃない。好《す》きだから怒《おこ》るんだよ」

わあん、わあん、まるで子《こ》ねこみたいにニタマは泣《な》いて、もう、本当《ほんとう》にこんなんで駅長《えきちょう》になれるのかなあ。嫌《いや》になっちゃうなあ。

でも、思《おも》い切《き》り泣《な》いたら、ニタマはすっきりした顔《かお》になって言《い》った。

「たま先輩《せんぱい》、わたしにもっと駅長《えきちょう》のお仕事《しごと》を教《おし》えてください」

「怒《おこ》っても、もう泣《な》かない？　逃《に》げ出《だ》さない？」

「はい！　たま先輩《せんぱい》から嫌《きら》われていないってわかれば大丈夫《だいじょうぶ》です」

そうか。最初《さいしょ》にそれを伝《つた》えなくちゃいけなかったんだね。わたしが怒《おこ》るのはニタマを信《しん》頼《らい》してるから、好《す》きだから、立派《りっぱ》な駅長《えきちょう》になって欲《ほ》しいからだよって。

「あのね、ニタマ」

「はい」

「駅長《えきちょう》さんの仕事《しごと》でいちばん大切《たいせつ》なことってなんだと思《おも》う？」

「客招《きゃくまね》きでしょ。社長《しゃちょう》さんが言《い》ってたもん」

「うん。そうなんだけど、いくらたくさんのお客《きゃく》さんが来《き》てくれても、そのお客《きゃく》さんが事《じ》故《こ》にあって怪我《けが》をしたり、最悪《さいあく》の場合《ばあい》、死《し》んじゃったりしたら、どう思《おも》う？」

「ダメダメダメ！　そんなの絶対《ぜったい》いや。それならお客《きゃく》さん来《こ》ない方《ほう》がいいよ。だいたい、事故《じこ》が起《お》こったらお客《きゃく》さん来《き》てくれなくなっちゃうよ。それじゃあ、客招《きゃくまね》きも失格《しっかく》…あ、そうか！　いちばん大切《たいせつ》なお仕事《しごと》は！」

「大正解《だいせいかい》。いちばん大切《たいせつ》なお仕事《しごと》はお客《きゃく》さんの安全《あんぜん》を守《まも》ること。だから、あんなに怒《おこ》って教《おし》えたんだよ。電車《でんしゃ》ってね、お客《きゃく》さんの命《いのち》を預《あず》かって走《はし》っているんだよ」

「はい！」

ニタマの目《め》がキラキラと明《あか》るく光《ひか》ってる。

よし、これならきっと大丈夫《だいじょうぶ》。わたしは大《おお》きく「にゃあ！」って鳴《な》いた。


その後《ご》も、ニタマはたくさんの失敗《しっぱい》をしたし、相変《あいか》わらずとんちんかんなところもいっぱいあったけど、もう逃《に》げ出《だ》したりはしなかった。

「たま先輩《せんぱい》、もう一回《いっかい》。ね、ね、がんばるから、もう一回《いっかい》、見《み》てて」

疲《つか》れてそろそろ休憩《きゅうけい》したくても放《はな》してくれず、わたしが逃《に》げ出《だ》したくなったくらい。

「これならデビューしても大丈夫《だいじょうぶ》そうだね」

社長《しゃちょう》さんから合格《ごうかく》が出《で》て、ニタマは貴志川線《きしがわせん》の伊太祈曽駅《いだきそえき》で働《はたら》くことになった。日曜日《にちようび》には駅長代理《えきちょうだいり》として貴志駅《きしえき》に出張《しゅっちょう》もしてくれる。

「たま先輩《せんぱい》、わたしが来《き》た時《とき》にはゆっくり休《やす》んでてね。社長《しゃちょう》さんと温泉《おんせん》に行《い》ってきちゃってもいいですよ〜」

なんて、ニタマったらすっかり調子《ちょうし》に乗《の》ってるから、「フーッ！　十年早《ねんはや》〜い」って、しかりつけておいた。やれやれ。

そして、ついにニタマが初《はじ》めてセレモニーの主役《しゅやく》として人前《ひとまえ》に立《た》つ日《ひ》がきた。

いつも通学《つうがく》に貴志川線《きしがわせん》を使《つか》ってくれている短大《たんだい》のお姉《ねえ》さんたちがいちご電車《でんしゃ》のためにかわいい座布団《ざぶとん》を作《つく》ってくれて、その贈呈式《ぞうていしき》が開《ひら》かれることになったんだ。

「たま、真夏《まなつ》のセレモニーは辛《つら》いだろう。どうだ、今回《こんかい》はニタマに任《まか》せてみないかい」

わたしが暑《あつ》さに弱《よわ》いのを知《し》っている社長《しゃちょう》さんがそう言《い》った。

「そろそろ、ニタマも独《ひと》り立《だ》ちしないといけないし、いい機会《きかい》だと思《おも》うんだ」

そうだよね。ニタマだって、いつまでもわたしのアシスタントじゃいけない。駅長《えきちょう》さんとして、ひとりで何《なん》でもできるようにならなくちゃ。すごく心配《しんぱい》だけど、わたしは頷《うなず》いて、威厳《いげん》を持《も》って答《こた》えた。

「はい。ニタマなら大丈夫《だいじょうぶ》。きっと立派《りっぱ》にやれます！」

なんていったって「上司《じょうし》」なんだから。

セレモニーの日《ひ》にはニタマの里親《さとおや》になってくれた課長《かちょう》さんも駆《か》けつけて大騒《おおさわ》ぎ。

「ほら、ニタマちゃん、ホコリが付《つ》いているよ」「大丈夫《だいじょうぶ》かい。緊張《きんちょう》したら手《て》のひらに

〝人《ひと》〟って書《か》いて飲《の》み込《こ》むんだよ」「笑顔《えがお》を忘《わす》れずにね」なんて、あれこれあれこれ世話《せわ》を焼《や》いている。どうやら、課長《かちょう》さんの方《ほう》が緊張《きんちょう》しているみたい。ニタマは「たま先輩《せんぱい》にみっちり教《おし》えてもらったから、お父《とう》さんは心配《しんぱい》しないで大丈夫《だいじょうぶ》だよ」なんて、けっこう落《お》ち着《つ》いていて、あら、この子《こ》なかなか大物《おおもの》かも。

ピカピカの制帽《せいぼう》をかぶせてもらったら、背筋《せすじ》もシャンと伸《の》びて貫禄《かんろく》も十分《じゅうぶん》。

「貴志川線《きしがわせん》があるおかげで、わたしたちは楽《たの》しく学校《がっこう》に通《かよ》うことができています。そのお礼《れい》にいちご模様《もよう》の座布団《ざぶとん》をみんなで作《つく》りました。どうぞ使《つか》ってください」

代表《だいひょう》のお姉《ねえ》さんがあいさつする。

「ありがとうニャア」

ニタマはしっかり前《まえ》を見《み》て、大《おお》きな声《こえ》で返事《へんじ》をした。

「わあ、かわいい」

お客《きゃく》さんたちから大《おお》きな拍手《はくしゅ》がおこった。

「ニタマ、がんばったね」

わたしは、駅長《えきちょう》に任命《にんめい》された日《ひ》のことを思《おも》い出《だ》して、鼻《はな》の奥《おく》がツンとしちゃった。

「たま」

みんなに囲《かこ》まれているニタマを陰《かげ》から見守《みまも》っていると、社長《しゃちょう》さんがわたしの隣《となり》に来《き》た。

「ありがとう、たま。ニタマを立派《りっぱ》に育《そだ》ててくれたね。すばらしい先輩《せんぱい》だよ」

「たま先輩《せんぱい》！」

無事《ぶじ》に式典《しきてん》を終《お》えたニタマも走《はし》ってきた。

「わたしの初仕事《はつしごと》、どうだったかな」

ちょっと、いやかなり得意《とくい》そうな顔《かお》。もう、ニタマはすぐ調子《ちょうし》に乗《の》るんだから。

「うーん、まあまあかな」

わたしはわざと厳《きび》しく言《い》った。

「わあい！　たま先輩《せんぱい》がまあまあって言《い》うってことは、合格《ごうかく》ってことだもんね」

ニタマったら、そんなこと言《い》って、子《こ》ねこみたいにニャンニャン跳《は》ねてる。

「こら、ニタマ。甘《あま》い！　まだまだ修業《しゅぎょう》が足《た》りない！　フーッ」

はしゃいで走《はし》っていくニタマを睨《にら》む。

「ニタマ、がんばってたと思《おも》うよ」

レオちゃんがそばに来《き》て言《い》った。

「ほめてあげればいいのに」

「うん。でもさ、ニタマにはわたしよりもっと立派《りっぱ》な駅長《えきちょう》になって欲《ほ》しいんだよ。わたしにほめられて、大喜《おおよろこ》びして、そこでお終《しま》いにしてほしくないの」

「わあ!! たまちゃんったら、すっかり上司《じょうし》になってるね」

「ニタマ、偉《えら》かったよ」

わたしは心《こころ》の中《なか》でそう言《い》って、力《ちから》いっぱい拍手《はくしゅ》する。ニタマったらそれが聞《き》こえたみたいに振《ふ》り向《む》いてうれしそうに笑《わら》った。


その翌年《よくとし》、わたしは「社長代理《しゃちょうだいり》」に任命《にんめい》された。

「た、たま……、つまり、それって、会社《かいしゃ》の中《なか》で社長《しゃちょう》さんの次《つぎ》に偉《えら》いっていうことよ」

お母《かあ》さんはびっくりして、「信《しん》じられない」って何度《なんど》もほっぺたをつねっていたし、専《せん》務《む》さんはわざわざあいさつにやってきて、「たま駅長《えきちょう》は、わたしより出世《しゅっせ》してしまいました。わたしはたま駅長《えきちょう》の部下《ぶか》です。なんでもお仕事《しごと》を言《い》いつけてください」なんて言《い》って、大《おお》きな体《からだ》をうれしそうに揺《ゆ》すって敬礼《けいれい》した。

「ひゃあ、やめてよ、専務《せんむ》さん。専務《せんむ》さんが駅長《えきちょう》さんの帽子《ぼうし》を作《つく》ってくれた頃《ころ》から、わたしはぜんぜん変《か》わってないよ」

そう言《い》いながらわたしもあわてて敬礼《けいれい》を返《かえ》す。

「いいえ、たま駅長《えきちょう》、あなたは本当《ほんとう》に立派《りっぱ》な駅長《えきちょう》になりましたよ。そう、帽子《ぼうし》、帽子《ぼうし》ですよね。はい、これが新《あたら》しい帽子《ぼうし》です」

専務《せんむ》さんが持《も》ってきてくれた帽子《ぼうし》には赤《あか》い帯《おび》の上《うえ》に金色《きんいろ》の線《せん》が三本入《ぼんはい》っていた。

「わあ、かっこいい。いちばん初《はじ》めにお母《かあ》さんに見《み》せなくちゃ。似合《にあ》うかな?」

それを見《み》たら、泣《な》き虫《むし》お母《かあ》さんの顔《かお》はもうぐしゃぐしゃ。

「わたしの小《ちい》さな娘《むすめ》がこんなに立派《りっぱ》になるなんて」

お母《かあ》さんの顔《かお》を見《み》ていたら、わたしも小《ちい》さかった頃《ころ》を思《おも》い出《だ》してしまった。ひよひよでネズミみたいで、不法滞在《ふほうたいざい》で行《い》くところがなかったわたし。

「わたしを家族《かぞく》にしてくれたお母《かあ》さん、大好《だいす》きな貴志《きし》駅《えき》と町《まち》の人《ひと》たち、駅長《えきちょう》さんにしてくれた社長《しゃちょう》さん……みんなのおかげで、わたしはこんなに立派《りっぱ》になれたんだね」

「そうね、でもそれだけじゃない。そんなみんなを今度《こんど》は自分《じぶん》が助《たす》けたいって、たまがいっしょうけんめいにがんばったからよ」

「わあい、お母《かあ》さん、ありがとう」

もう、うれしくって、お母《かあ》さんの膝《ひざ》に頭《あたま》をスリスリ。

「お、社長代理《しゃちょうだいり》がお母《かあ》さんに甘《あま》えているぞ」

意地悪社長《いじわるしゃちょう》さんにからかわれて、ねこパンチ！

「あはは、悪《わる》かった、悪《わる》かった。お母《かあ》さんの言《い》う通《とお》りだよ。たまがいてくれることで、わたしもどれだけ勇気《ゆうき》をもらえたか。ありがとう、たま。これからは社長代理《しゃちょうだいり》として、いっしょに貴志川線《きしがわせん》を支《ささ》えていこうな」

「了解《りょうかい》！」

わたしはもううれしくて、「これからもずっと貴志川線《きしがわせん》のためにがんばる！」って胸《むね》に誓《ちか》ったんだ。けれど、気《き》がついたらわたしにはもうひとつの大切《たいせつ》な役目《やくめ》が生《う》まれていた。

「たま駅長《えきちょう》のおかげで、ねこの人気《にんき》が急上昇《きゅうじょうしょう》ですよ」

「日本中《にほんじゅう》、動物《どうぶつ》の駅長《えきちょう》さんブームになっています。ねこはもちろん、犬《いぬ》や、なんと伊勢《いせ》エビの駅長《えきちょう》さんまで現《あらわ》れたそうです」

　働《はたら》くわたしの姿《すがた》を見《み》て、ねこっていいな、動物《どうぶつ》と人間《にんげん》が助《たす》け合《あ》えるっていいな、そんな風《ふう》に思《おも》ってくれる人《ひと》が増《ふ》えたのかな。そうだといいな。

「あなたは、動物《どうぶつ》と人間《にんげん》が助《たす》け合《あ》っていっしょに生《い》きていくひとつの形《かたち》を教《おし》えてくれているのよ」ってあの映画監督《えいがかんとく》も言《い》ってくれた。

　誰《だれ》にも欲《ほ》しがられなかったわたしだから、住《す》む場所《ばしょ》が無《な》くなってしまうかもしれないっていう怖《こわ》さを知《し》っているわたしだから、しあわせな動物《どうぶつ》を一匹《いっぴき》でも増《ふ》やす手伝《てつだ》いができるのは本当《ほんとう》にうれしい。

「そうだよ！　たま先輩《せんぱい》のおかげで、捨《す》て猫《ねこ》だったわたしも助《たす》けられて、家族《かぞく》が出来《でき》て、そのうえ駅長《えきちょう》にまでしてもらえたんだから」

ニタマも力《ちから》いっぱい宣言《せんげん》する。

「わたしも幸《しあわ》せになれるねこを増《ふ》やすためにがんばる！」

それを聞《き》いていた社長《しゃちょう》さんが言《い》った。

「たまとニタマの言《い》う通《とお》りだよ。まずは自分《じぶん》たちの足下《あしもと》からスタートしよう。貴志川線《きしがわせん》の駅《えき》にねこの駅長《えきちょう》さんを増《ふ》やせるようにがんばろう。たま、おまえはそのリーダーだ」

わたしは、貴志川線《きしがわせん》にある14個《こ》の駅《えき》の「総駅長《そうえきちょう》」という役目《やくめ》に任命《にんめい》された。

「たまやニタマに続《つづ》くねこの駅長《えきちょう》さんを育《そだ》てていこうよ。貴志駅《きしえき》みたいな楽《たの》しい駅《えき》が増《ふ》えたら、日本中《にほんじゅう》の田舎《いなか》の駅《えき》が元気《げんき》になるし、しあわせなねこも増《ふ》えるぞ」

社長《しゃちょう》さんったら大張《おおは》り切《き》り。

「でも、今《いま》ではたまも世界《せかい》の人気者《にんきもの》だしなあ、貴志川線《きしがわせん》やこの町《まち》のねこたちの応援《おうえん》だけじゃなくて、もっと広《ひろ》い世界《せかい》を見《み》ないといけないかもしれないな」

ずっと考《かんが》えていたことを社長《しゃちょう》さんが先《さき》に口《くち》に出《だ》してくれた。やっぱり社長《しゃちょう》さんとわたしって気《き》が合《あ》う。

「そうなの。動物《どうぶつ》と人間《にんげん》って、もっと助《たす》け合《あ》えるんだよ。お互《たが》いにしあわせになれるんだよってことをみんなに伝《つた》えたいし、その応援《おうえん》がしたいの」

「よし！　いっしょに考《かんが》えよう」

そして、生《う》まれたのが『たま駅長基金《えきちょうききん》』。

「犬《いぬ》やねこなどの動物《どうぶつ》を助《たす》けた人《ひと》、または人《ひと》を助《たす》けた動物《どうぶつ》を表彰《ひょうしょう》して、その活動《かつどう》を応援《おうえん》するために賞金《しょうきん》を贈《おく》る」という計画《けいかく》。

「たまの貯金《ちょきん》をそのために使《つか》ってもいいかい」

もちろんわたしは大賛成《だいさんせい》した。社長《しゃちょう》さんも講演《こうえん》をしたり自分《じぶん》で本《ほん》を書《か》いて稼《かせ》いだお金《かね》を出《だ》してくれた。

この計画《けいかく》のすごいところは、人間《にんげん》と動物《どうぶつ》、両方《りょうほう》の立場《たちば》から作《つく》られているっていうところなんだ。動物《どうぶつ》を助《たす》けた人間《にんげん》を表彰《ひょうしょう》するための賞《しょう》はこれまでもたくさんあったけど、人間《にんげん》を助《たす》けた動物《どうぶつ》も同《おな》じように表彰《ひょうしょう》するための基金《ききん》なんて、ちょっとないでしょう。

「あたりまえだよ。人間《にんげん》はどれだけ動物《どうぶつ》から助《たす》けてもらってるか気《き》づいた方《ほう》がいいんだよ。チュチュ」

おまっちゃんは相変《あいか》わらず偉《えら》そうに胸《むね》を反《そ》らす。

町《まち》の人《ひと》や社長《しゃちょう》さんがわたしを助《たす》けてくれてわたしが町《まち》の人《ひと》や社長《しゃちょう》さんを助《たす》けて……そんな関係《かんけい》が世界中《せかいじゅう》に広《ひろ》がったら、どんなに素敵《すてき》だろう。

ねこの校長先生《こうちょうせんせい》や犬《いぬ》のおまわりさんや小鳥《ことり》の看護師《かんごし》さんが登場《とうじょう》して、みんなで仲良《なかよ》く働《はたら》いている世界《せかい》を想像《そうぞう》して、わたしはワクワク、うっとりしてしまう。

9

いつまでもこの駅《えき》で

桜《さくら》の花《はな》が咲《さ》いている。

わたしの大好《だいす》きな季節《きせつ》がまたやってきた。この駅《えき》で何回《なんかい》、こうして桜《さくら》の花《はな》を見《み》ただろう。

駅《えき》のホームに寝転《ねころ》んで、うっとりと空《そら》を見上《みあ》げる。

でも、今《いま》までみたいに桜《さくら》の木《き》に駆《か》け登《のぼ》る元気《げんき》は出《で》ない。

「クシュン」

「たまちゃん、鼻水《はなみず》が出《で》てるわよ」

お母《かあ》さんが鼻水《はなみず》をふいてくれる。

「ねこにも花粉症《かふんしょう》ってあるのかしら？」

心配《しんぱい》したお母《かあ》さんに病院《びょういん》に連《つ》れていってもらったけど、原因《げんいん》はわからないみたいだった。

「鼻炎《びえん》かもしれませんね。でも、病気《びょうき》ではなさそうです。心配《しんぱい》ないですよ」

やさしいお医者《いしゃ》さんに言《い》われたら安心《あんしん》して、少《すこ》し元気《げんき》が出《で》たけれど、でもやっぱりいつもの調子《ちょうし》は出《で》ない。

そして、キラキラした若葉《わかば》で貴志駅《きしえき》がおおわれる頃《ころ》、わたしは倒《たお》れてしまった。

「たま、たま、たまちゃん！」

お母《かあ》さんはわたしを抱《かか》えて病院《びょういん》へ走《はし》った。

「お姉《ねえ》ちゃん！」「たま！」「たまちゃん！」

ちびやレオちゃん、おまっちゃんの声《こえ》が遠《とお》くで聞《き》こえる。

「入院《にゅういん》です！」

お医者《いしゃ》さんはわたしの姿《すがた》を一目見《ひとめみ》るなり叫《さけ》んだ。

「たまちゃんが死《し》んだら、わたしもいっしょに死《し》んじゃう」

泣《な》き虫《むし》お母《かあ》さんは、また涙《なみだ》をジャブジャブ出《だ》して泣《な》いている。

「なんでもしますから助《たす》けてください」

わたしは集中治療室《しゅうちゅうちりょうしつ》に運《はこ》ばれて、点滴《てんてき》の管《くだ》につながれた。

お医者《いしゃ》さんや看護師《かんごし》さんがいっしょうけんめいにわたしの治療《ちりょう》をしてくれている。

だけど、わたしは起《お》き上《あ》がることができないままだった。

ご飯《はん》が食《た》べられず、点滴《てんてき》をしても痩《や》せていくばかり、鼻水《はなみず》も止《と》まらない。

お医者《いしゃ》さんがまじめな顔《かお》をしてお母《かあ》さんを呼《よ》んだ。

「この数日《すうじつ》が峠《とうげ》かもしれません。たまちゃんに会《あ》いたい人《ひと》には、連絡《れんらく》してあげてください」

「そんな……」

お母《かあ》さんは立《た》ち尽《つ》くしたまま、またボロボロと涙《なみだ》をこぼした。

「たまちゃん、たまちゃん」

動物病院《どうぶつびょういん》の前《まえ》に車《くるま》が停《と》まったときから、わたしには社長《しゃちょう》さんだってわかっていた。

ドタドタ、バタン！

社長《しゃちょう》さんがすごい勢《いきお》いで病院《びょういん》のドアを開《あ》け、走《はし》ってくる気配《けはい》がする。

ああもう、社長《しゃちょう》さんは相変《あいか》わらず。

しかたないなあ。そんなに心配《しんぱい》しないで……。

「社長《しゃちょう》さんには元気《げんき》な姿《すがた》を見《み》せてあげなくちゃ」

わたしは最後《さいご》の力《ちから》をふりしぼって起《お》き上《あ》がり、姿勢《しせい》を正《ただ》して座《すわ》った。

「たまちゃん！」

駆《か》け込《こ》んできた社長《しゃちょう》さんは、きちんと座《すわ》っているわたしの姿《すがた》を見《み》ると、顔《かお》をくしゃくしゃにして、うれしそうに言《い》った。

「なぁんだ！　たまちゃん元気《げんき》じゃないか」

「にゃあ」

本当《ほんとう》は座《すわ》っているだけでせいいっぱいだったんだけど、力《ちから》をふりしぼって明《あか》るく返事《へんじ》をする。

「先生《せんせい》、たまちゃん元気《げんき》じゃないですか」

「あれ？　おかしいな。さっきまで横《よこ》になったきりだったのに。これなら病気《びょうき》を治《なお》して、元気《げんき》に退院《たいいん》できるかもしれませんね」

社長《しゃちょう》さんは病室《びょうしつ》にいた人《ひと》たちを見回《みまわ》して言《い》った。

「みなさん、約束《やくそく》してください。たまちゃんのお見舞《みま》いをするときには、必《かなら》ずニコニコ笑《わら》っていること。悲《かな》しい気持《きも》ちや心配《しんぱい》する気持《きも》ちはうつるんですよ。みんなでメソメソしていたら、たまちゃんの病気《びょうき》も悪《わる》くなってしまいます。いいですね、明《あか》るく笑顔《えがお》ですよ」

「はい、わかりました。こんな顔《かお》でいいですか」

さっきまで泣《な》いていたお母《かあ》さんが、無理《むり》してニーッと笑《わら》ってみせる。

「それじゃあ笑《わら》っているというより、引《ひ》きつっていますよ！」

「じゃあ、こんな感《かん》じ」

「そうそう、その調子《ちょうし》です」

みんないっしょうけんめいに笑顔《えがお》を作《つく》って、病室《びょうしつ》が笑《わら》い声《ごえ》でいっぱいになった。

わたしもいっしょうけんめい笑顔《えがお》を作《つく》ってみせた。

「よかった、よかった。もうすぐたまが駅長《えきちょう》になって十周年《しゅうねん》だよ。出会《であ》った日《ひ》に約束《やくそく》しただろう、〝十年後《ねんご》、ここでまたいっしょにお祝《いわ》いをしよう〟って。覚《おぼ》えているかい？」

もちろん覚《おぼ》えている。

十周年《しゅうねん》を祝《いわ》うみんなの姿《すがた》が目《め》に浮《う》かぶ。嬉《うれ》しそうな社長《しゃちょう》さん、みんなに「ありがとう、ありがとう」って頭《あたま》を下《さ》げている元校長先生《もとこうちょうせんせい》、肩《かた》をたたきあう「守《まも》る会《かい》」の人《ひと》たち。お母《かあ》さんはきっとまた泣《な》いちゃうね。

ああ、わたしもそこにいたい。みんなといっしょにお祝《いわ》いしたい。そうしたら、わたし「みんな、おめでとう。社長《しゃちょう》さん、お疲《つか》れさま」って、大《おお》きな声《こえ》で言《い》うんだ。

ああ、もう一度《いちど》、元気《げんき》になれたらいいのに。

わたしは手《て》を差《さ》し出《だ》して社長《しゃちょう》さんの腕《うで》に触《さわ》った。

「たまちゃん、駅長《えきちょう》さんにならないかい」そう言《い》われた日《ひ》のことを思《おも》い出《だ》す。初《はじ》めて、わたしたちの目《め》が合《あ》って、この人《ひと》なら分《わ》かってくれる、このねことなら友達《ともだち》になれるって、お互《たが》いに思《おも》った日《ひ》のこと。

わたしは、社長《しゃちょう》さんを見《み》つめて、子《こ》ねこみたいに「抱《だ》っこ」って鳴《な》いた。

「にゃあ。社長《しゃちょう》さん、抱《だ》っこしてよ」

「まあ、たまが自分《じぶん》から抱《だ》っこしてと言《い》うなんて」

お母《かあ》さんがびっくりして言《い》う。

「たまは、わたしにもそんなことしない子《こ》なのに」

うん。わたし、駅長《えきちょう》さんになってからは、威厳《いげん》を持《も》って堂々《どうどう》としていなくちゃって思《おも》ってがんばっていたの。それに、社長《しゃちょう》さんはいつも忙《いそが》しい人《ひと》だから、迷惑《めいわく》かけちゃいけないってがまんしてたんだ。

「社長《しゃちょう》さんといっしょにお仕事《しごと》できて、とても楽《たの》しかったよ。でも、今日《きょう》はどうしても社《しゃ》長《ちょう》さんに抱《だ》っこしてもらいたいんだ」

「たま、わかったよ」

社長《しゃちょう》さんはわたしの頭《あたま》をやさしく撫《な》でてくれる。

「でもね、今《いま》はムリだよ。体中《からだじゅう》に点滴《てんてき》の管《くだ》がついているからね。針《はり》が抜《ぬ》けちゃったりしたら、たまが痛《いた》い思《おも》いをすることになる。早《はや》く元気《げんき》になりなさい。そうしたらいっぱい抱《だ》っこしてあげるから」

「やだやだ、抱《だ》っこして」――本当《ほんとう》はそう言《い》いたかったけど、わたしは「にゃあ、わかったよ、今《いま》はがまんするよ」って返事《へんじ》した。

「いい子《こ》だ、いいねこだ、いい部下《ぶか》だ」

社長《しゃちょう》さんはわたしの手《て》を握《にぎ》って、「また来《く》るからね。早《はや》く元気《げんき》になるんだよ」って言《い》って部屋《へや》を出《で》ていった。

「ああ、わたしもいっしょに帰《かえ》りたいなあ。大好《だいす》きな貴志駅《きしえき》に帰《かえ》りたいなあ」

涙《なみだ》があふれてくる。

わたしが生《う》まれて、育《そだ》って、みんなと過《す》ごした駅《えき》。社長《しゃちょう》さんに出会《であ》った駅《えき》。駅長《えきちょう》さんとして守《まも》ってきた駅《えき》。大《おお》きな桜《さくら》の木《き》があって、大好《だいす》きな人《ひと》たちがいる、わたしのふるさと。

「帰《かえ》りたい。帰《かえ》りたい。お母《かあ》さん、社長《しゃちょう》さん、わたしを置《お》いていかないで。貴志駅《きしえき》に連《つ》れていって。まだ、みんなといっしょに暮《く》らしたい。駅《えき》でお仕事《しごと》したい」

でも、そう言《い》って社長《しゃちょう》さんを呼《よ》び戻《もど》す力《ちから》さえ、わたしにはもう残《のこ》っていなかった。


さようなら、大好《だいす》きなみんな。

大好《だいす》きな貴志駅《きしえき》。

わたし、十周年《しゅうねん》のお祝《いわ》いには出《で》られないみたいだよ。

少《すこ》しずつ、意識《いしき》が薄《うす》れてきて、わたしはゆっくり目《め》を閉《と》じた。

気《き》がつくと、わたしは元気《げんき》な頃《ころ》の自分《じぶん》に戻《もど》っていた。

「あれ、体《からだ》が軽《かる》い。これならどこまでだって走《はし》っていけそう。桜《さくら》の木《き》にも登《のぼ》れそう」

でも、なんだか変《へん》。わたしはふわふわと宙《ちゅう》に浮《う》いていて、見下《みお》ろしたら、病院《びょういん》のベッドの上《うえ》に横《よこ》たわるわたしの姿《すがた》が見《み》えた。そうか、わたしは死《し》んだんだ。死《し》んで、たましいになって、体《からだ》を抜《ぬ》け出《だ》しちゃったんだ。

「たまちゃん、たまちゃん！」

お母《かあ》さんがわたしの体《からだ》を抱《だ》いて泣《な》いている。

「嘘《うそ》でしょ。昨日《きのう》はあんなに元気《げんき》だったのに。わたしを置《お》いていくなんて、ひどいよ。目《め》を覚《さ》ましなさい、たま。お願《ねが》いだから目《め》を開《あ》けて」

お母《かあ》さん、泣《な》かないでって涙《なみだ》を舐《な》めてあげたいけれど、わたしの体《からだ》はお母《かあ》さんの腕《うで》の中《なか》で少《すこ》しずつ冷《つめ》たくなっていく。

「わたしはここにいるよ。ありがとう、大好《だいす》きだよ」

そう伝《つた》えたいのに……。


それからわたしのたましいは岡山《おかやま》にある社長《しゃちょう》さんの会社《かいしゃ》に飛《と》んでいった。

「にゃあ」

社長《しゃちょう》さんが振《ふ》り向《む》いた。

「おや、今《いま》、たまの声《こえ》が聞《き》こえたような……」

わかるの？　わたし、ここにいるよ。社長《しゃちょう》さん、抱《だ》っこしてよ。

「おお、たま、元気《げんき》になったのか」

社長《しゃちょう》さんはわたしを抱《だ》き上《あ》げようと手《て》を伸《の》ばした。わたしも社長《しゃちょう》さんの腕《うで》に飛《と》び込《こ》んだ。

でも、社長《しゃちょう》さんの腕《うで》は宙《ちゅう》を掻《か》いただけだった。たましいになってしまったわたしの体《からだ》は、社長《しゃちょう》さんの腕《うで》を通《とお》り抜《ぬ》けてしまい、わたしはふわりと宙《ちゅう》に舞《ま》う。

「あれ」

ハッとしたように社長《しゃちょう》さんは自分《じぶん》の腕《うで》の中《なか》を見《み》つめる。

「今《いま》、ここにたまがいたはずなんだが」

「社長《しゃちょう》、しっかりしてくださいよ。たまちゃんがここに来《く》るわけないじゃないですか。たまちゃんは、今頃《いまごろ》、病院《びょういん》でいい子《こ》に眠《ねむ》っていますよ」

秘書《ひしょ》さんが笑《わら》って、社長《しゃちょう》さんをなだめる。

「いや、確《たし》かに声《こえ》が聞《き》こえたんだよ。抱《だ》っこしてって、笑《わら》ってた……まさか」

あわてて病院《びょういん》に電話《でんわ》をかけ、わたしが死《し》んだことを知《し》らされた社長《しゃちょう》さんは大声《おおごえ》をあげた。

「嘘《うそ》だよ。だって、今《いま》までここにいたんだよ。抱《だ》っこしてって言《い》って、にゃあって鳴《な》いて、笑《わら》ってみせたんだ。そうだろう、たま、昨日《きのう》はあんなに元気《げんき》だったじゃないか。病気《びょうき》を治《なお》して退院《たいいん》したら抱《だ》っこしてあげるって約束《やくそく》したじゃないか」

社長《しゃちょう》さんの手《て》がブルブルと震《ふる》えている。

「たま、こんなのいやだよ。もう一回《いっかい》だけでいいから戻《もど》ってきておくれ。あたたかなたまを抱《だ》っこさせておくれ」

わたしだって抱《だ》っこしてほしいよ、社長《しゃちょう》さん。

「社長《しゃちょう》さん。楽《たの》しかったよ。人間《にんげん》のおじさんとねこの女《おんな》の子《こ》。ぜんぜん違《ちが》うふたりだけど、わたしたちいいコンビだったよね」

「ああ、こんな素敵《すてき》な相棒《あいぼう》はいないよ」

わたしはもう行《い》かなくちゃいけない。でも、お別《わか》れを言《い》うのはもう少《すこ》し後《あと》にしよう。

「貴志駅《きしえき》に帰《かえ》ろう。そこでみんなにお別《わか》れを言《い》うんだ」

わたしのたましいは、まっすぐに大好《だいす》きな貴志駅《きしえき》に向《む》かって飛《と》んでいく。


貴志駅《きしえき》は花《はな》で埋《う》まっていた。

「三千人《にん》もの人《ひと》がお別《わか》れにやってきて駅《えき》からあふれています」

レポートをしているキャスターさんの声《こえ》が聞《き》こえる。

わたしのたましいが体《からだ》を離《はな》れて一週間後《しゅうかんご》。貴志駅《きしえき》ではわたしのお葬式《そうしき》が開《ひら》かれていた。

これ、ぜんぶわたしのための花《はな》なんだ。ここに来《き》ているたくさんの人《ひと》は、みんなわたしのために来《き》てくれた人《ひと》なんだ。

ひよひよで、ネズミみたいで、誰《だれ》からも欲《ほ》しがられなかった小《ちい》さなわたし。不法滞在《ふほうたいざい》で住《す》むところがなくなりそうだったわたし。それが、社長《しゃちょう》さんに出会《であ》って、駅長《えきちょう》さんに任命《にんめい》されて、たくさんの人《ひと》といっしょにがんばって働《はたら》いてきて、最後《さいご》には社長代理《しゃちょうだいり》にまでしてもらって、そして、今《いま》、こんなにたくさんの人《ひと》がわたしのために泣《な》いてくれている。

「たまの姿《すがた》を見《み》ることが楽《たの》しみだったんだ」

「たまちゃんに会《あ》いに来《き》て、病気《びょうき》に負《ま》けずにがんばろうとリハビリに励《はげ》む力《ちから》をもらいました。ほら、おかげでこんなに元気《げんき》になったんですよ」

「生《い》きる気力《きりょく》をなくしていたおばあちゃんが、たまちゃんを抱《だ》っこしたら笑《わら》ってくれたのよ。ありがとう、たまちゃん」

たくさんの人《ひと》の胸《むね》の中《なか》の言葉《ことば》が聞《き》こえてきて、わたしも胸《むね》がいっぱいになる。

わたし、しあわせだったな。世界一《せかいいち》しあわせなねこだったな。

社長《しゃちょう》さんが静《しず》かに壇上《だんじょう》に立《た》って、お別《わか》れのあいさつを始《はじ》めた。

「たまはわたしたちを救《すく》うために現《あらわ》れたようなねこでした」

社長《しゃちょう》さんはゆっくりと絞《しぼ》り出《だ》すように、わたしの写真《しゃしん》に話《はな》しかけた。

「たまといっしょに働《はたら》けたことを光栄《こうえい》に思《おも》います」

そこまで言《い》って、涙《なみだ》をこらえるように下《した》を向《む》いた。

かけよって、なぐさめてあげたい。ここに集《あつ》まっているお客《きゃく》さんたちに、いつも通《どお》りの笑顔《えがお》で「貴志駅《きしえき》へようこそ、にゃんご〜」ってあいさつしたい。

でも、わたしは行《い》かなくちゃいけない。

「みんなありがとう。さようなら」

引《ひ》き止《と》められる気持《きも》ちを振《ふ》り切《き》ろうとしたとき、いきなり社長《しゃちょう》さんが言《い》った。

「ではここで、たまへの辞令《じれい》を伝《つた》えたいと思《おも》います」

「え、えーっ!?　ちょっと待《ま》って」

わたしは飛《と》び上《あ》がった。

「辞令《じれい》　社長代理《しゃちょうだいり》・ウルトラ駅長《えきちょう》たま
名誉永久駅長《めいよえいきゅうえきちょう》を命《めい》ず。これからはたま大明神《だいみょうじん》となり、この貴志駅《きしえき》、貴志川線《きしがわせん》、そして世《せ》界《かい》の鉄道《てつどう》を守《まも》る仕事《しごと》を任《にん》じます」

今《いま》まで泣《な》いたことのない社長《しゃちょう》さんの声《こえ》が震《ふる》えている。社長《しゃちょう》さんは真《ま》っ赤《か》な目《め》に涙《なみだ》をためたままウインクして、それからわたしの写真《しゃしん》に敬礼《けいれい》した。

「えーっ！　どういうこと」

「たまは、本物《ほんもの》の神様《かみさま》になったんだよ」

社長《しゃちょう》さんが言《い》う。

「わたしは、たまが死《し》んでしまってから毎日《まいにち》、大國主神社《おおくにぬしじんじゃ》にお参《まい》りしたんだ。たまを本物《ほんもの》の神様《かみさま》にしてください。そして、ずっと貴志駅《きしえき》に住《す》まわせてやってくださいってね」

貴志駅《きしえき》の近《ちか》くには『いなばのしろうさぎ』のお話《はなし》で有名《ゆうめい》な大国主命《おおくにぬしのみこと》が祭《まつ》られている神社《じんじゃ》がある。大国主命《おおくにぬしのみこと》は日本《にほん》でただひとり、動物《どうぶつ》を神様《かみさま》にする力《ちから》を持《も》った神様《かみさま》なんだって。

「たま、おまえをたま大明神《だいみょうじん》に任命《にんめい》しよう。これからも、この駅《えき》を、電車《でんしゃ》を、おまえを愛《あい》してくれる人《ひと》たちを守《まも》っていきなさい」

空《そら》の上《うえ》で本物《ほんもの》の神様《かみさま》が背中《せなか》を押《お》してくれた気《き》がした。

わたし、ずっとここにいていいの？

「たまの家《いえ》はここだもの。これからもずっといっしょだよ。いっしょにいておくれ」

社長《しゃちょう》さんがわたしに向《む》かって手《て》を差《さ》し伸《の》べる。

やったあ！　わたし、大好《だいす》きな貴志駅《きしえき》にずっといられるんだ。これからも、みんなといっしょにこの駅《えき》を見守《みまも》っていけるんだ。

「謹《つつし》んでお受《う》けします。にゃあ」

駅長《えきちょう》に任命《にんめい》された日《ひ》と同《おな》じようにわたしは答《こた》えた。わたしの目《め》からも涙《なみだ》があふれてくる。

「あ、風《かぜ》が吹《ふ》いた。きっとたまちゃんが喜《よろこ》んでくれているんだね」

お葬式《そうしき》に来《き》ていた子供《こども》たちが声《こえ》をあげて、社長《しゃちょう》さんも笑顔《えがお》になる。

「わたしにはわかるよ。たまがずっといっしょにいてくれることが」

空《そら》を見上《みあ》げた社長《しゃちょう》さんの頬《ほお》を涙《なみだ》がひと粒《つぶ》、スーッと流《なが》れるのが見《み》えた。


わたしのたましいが体《からだ》を離《はな》れて五十日祭《ごじゅうにちさい》が過《す》ぎ、大好《だいす》きだった桜《さくら》の木《き》の下《した》、駅《えき》と電車《でんしゃ》がいつでも見《み》える場所《ばしょ》に小《ちい》さな神社《じんじゃ》が作《つく》られた。

「たま、今日《きょう》もわたしたちを見守《みまも》っていてね」

お母《かあ》さんや社員《しゃいん》さんは、毎日《まいにち》、神社《じんじゃ》に手《て》を合《あ》わせて、わたしの好《す》きだったご飯《はん》をお供《そな》えしてくれる。

「たま、たま、わたしもいっしょにいるよ。チチチ」

桜《さくら》の木《き》におまっちゃんが飛《と》んできた。

「動物《どうぶつ》には、たましいが見《み》えるからね。レオちゃんも遊《あそ》びに来《き》てるよ」

ホームの柵越《さくご》しにレオちゃんがのぞき込《こ》んでいる。

「たまちゃん、神様《かみさま》になってもいっしょに遊《あそ》べる？」

「もちろんだよ！　わたしはここから貴志駅《きしえき》を見守《みまも》っているから、おまっちゃんもレオちゃんも手伝《てつだ》ってね」

でも、わたしにはひとつ心配事《しんぱいごと》があった。

「わたしは神様《かみさま》になっちゃったから、駅《えき》のお仕事《しごと》はできないでしょ。どうするんだろう？」

わたしが死《し》んでから今《いま》まで、たくさんの人《ひと》が同《おな》じ質問《しつもん》を社長《しゃちょう》さんにしてきた。でも、社長《しゃちょう》さんは「今《いま》はまだ、たまの代《か》わりなんて考《かんが》えられません」って答《こた》えるばかり。

「も〜っ！　ダメだよ社長《しゃちょう》さん。会社《かいしゃ》でいちばん偉《えら》いんだから、しっかりしなくちゃ」

わたしはヤキモキして社長《しゃちょう》さんを頭突《ずつ》きする。

ふわり。風《かぜ》が吹《ふ》いて、社長《しゃちょう》さんはわたしの方《ほう》を見《み》つめた。

「あ、たまが来《き》ているね」

そうだよ、社長《しゃちょう》さん。わたしはここにいるから、次《つぎ》の駅長《えきちょう》さんを決《き》めなくちゃダメだよ。

「たま、ニタマに頼《たの》んでもいいかな？」

社長《しゃちょう》さん、考《かんが》え込《こ》みながら言《い》った。

「もちろんだよ！　大賛成《だいさんせい》」

でも、わたしの声《こえ》は社長《しゃちょう》さんには聞《き》こえていないみたい。

「たまはニタマに厳《きび》しかったからなあ。ほめている姿《すがた》を見《み》たこともないし……。まだまだ、ニタマに貴志駅《きしえき》の駅長《えきちょう》さんは任《まか》せられないって思《おも》っているかもしれないなあ」

違《ちが》うよ、社長《しゃちょう》さん。わたしがニタマに厳《きび》しかったのは立派《りっぱ》な駅長《えきちょう》さんになってほしかったから。それに、これからもわたしがびっちり厳《きび》しく目《め》を光《ひか》らせているから大丈夫《だいじょうぶ》。

わたしの気持《きも》ちを伝《つた》えようと、「にゃあ」って鳴《な》いたら、また、ふわっと風《かぜ》が吹《ふ》いた。

「なんだか、たまも賛成《さんせい》してくれているみたいだな。よし、やってみよう」


「貴志駅《きしえき》にねこの駅長《えきちょう》さんが戻《もど》ってくる！」

町《まち》の人《ひと》たちも、「ねこの駅長《えきちょう》たま」を応援《おうえん》してくれていた、日本中《にほんじゅう》、世界中《せかいじゅう》の人《ひと》たちも大喜《おおよろこ》びしてくれて、駅《えき》は久《ひさ》しぶりにたくさんのマスコミであふれた。

「どうしよう、どうしよう。たま先輩《せんぱい》の二代目《にだいめ》なんて、わたしムリかも…」

ニタマったら珍《めずら》しく弱気《よわき》になってる。

「ニタマ！　これまでわたしが鍛《きた》えてきたんだから、大丈夫《だいじょうぶ》！　ほら、みんな待《ま》ってるよ」

「はい。たま先輩《せんぱい》。ニタマ、行《い》きます！」

ニタマが出《で》て行《い》くと、パッパッパッとフラッシュが光《ひか》る。

「ニタマを『たま二世駅長《にせいえきちょう》』に任命《にんめい》する」

社長《しゃちょう》さんがおごそかな声《こえ》で告《つ》げた。

「にゃん。お受《う》けします。たま駅長《えきちょう》の名《な》に恥《は》じないようがんばります」

こんなにしっかりしたニタマを見《み》るのは初《はじ》めてだった。ツンツン、と背中《せなか》をつついたら、
ニタマはニコッと最高《さいこう》の笑顔《えがお》を見《み》せた。

拍手《はくしゅ》がおこり、社長《しゃちょう》さんもホッとした顔《かお》で笑《わら》っている。

「ニタマ、合格《ごうかく》……」

言《い》いかけたら、ニタマがあわててわたしの言葉《ことば》をさえぎった。

「ダメ、ダメにゃあ、たま先輩《せんぱい》。合格《ごうかく》はまだ出《だ》しちゃダメ。わたし、もっともっと、立派《りっぱ》な駅長《えきちょう》になりたいの。だから、たま先輩《せんぱい》がずっとそばにいて、わたしのことしかってくれなきゃダメ。居眠《いねむ》りするな！　怠《なま》けるな！　って」

「でも、ニタマはもう立派《りっぱ》な……」

「あ〜、それ以上《いじょう》言《い》ったらダメだってばあ。たま先輩《せんぱい》がそばにいないとダメなんだもん。もう、どこにも行《い》かないで貴志駅《きしえき》にいて、ニタマのそばにいて……」

「やだ、泣《な》かないでよニタマ。もちろんだよ、ニタマ。わたしはこの駅《えき》の神様《かみさま》になったんだから、ずっとそばにいるよ」

「えーん、えーん、たま先輩《せんぱい》……よかった、約束《やくそく》だよ、ぜったいだよ」

「じゃあ、これからもビシビシしごくよ」

「待《ま》ってました！　ニャンゴ」

「このコンビは、神様《かみさま》になっても相変《あいか》わらずだね」

「これからは、たま大明神《だいみょうじん》とニタマ駅長《えきちょう》がいっしょに貴志駅《きしえき》を守《まも》ってくれるんだね」

おまっちゃんとレオちゃんがうれしそうに笑《わら》っている。

エピローグ

また、春《はる》がめぐってきた。

わたしの大好《だいす》きな季節《きせつ》。ピンクの花《はな》びらがひらひらとたま神社《じんじゃ》に舞《ま》い落《お》ちてくる。

まだ、誰《だれ》もいない朝《あさ》の駅《えき》に社長《しゃちょう》さんがひとりで現《あらわ》れた。

「たま、もうすぐ約束《やくそく》の日《ひ》が来《く》るよ」

社長《しゃちょう》さんは手《て》を合《あ》わせて、わたしに話《はな》しかけた。

「十年目《ねんめ》の春《はる》だよ、たま」

初《はじ》めて会《あ》った日《ひ》、社長《しゃちょう》さんは、「たま。いっしょにがんばろうな。そして、十年後《ねんご》、ここでまたいっしょにお祝《いわ》いをしよう」そう言《い》ったんだ。

「たま、聞《き》こえるかい。貴志川線《きしがわせん》がなくならないことに決《き》まったよ。お客《きゃく》さんは増《ふ》えたし、和歌山県《わかやまけん》や二つの市《し》も、変《か》わらずに貴志川線《きしがわせん》を守《まも》るって約束《やくそく》してくれた。君《きみ》のおかげだよ。ありがとう、たま」

「やったあ！」

それからわたしたちは駅《えき》のベンチに座《すわ》って、いっしょにお話《はなし》をした。

「いろんなことがあったな、たま。楽《たの》しいことも、たいへんなことも、いっしょにがんばってきたな」

「うん、映画《えいが》で共演《きょうえん》もしちゃったね」

「これからもいっしょにがんばろうな」

わたしはうれしくて、社長《しゃちょう》さんの腕《うで》に手《て》をかけた。

「社長《しゃちょう》さん、わたしがんばったから、ごほうびをちょうだい。約束《やくそく》の抱《だ》っこをしてよ」

「たま……」

社長《しゃちょう》さん、お顔《かお》をクチャクチャにして、本当《ほんとう》にうれしそう。

あたたかな手《て》がわたしを抱《だ》き上《あ》げて、やさしく撫《な》でてくれる。

わたしたちは空《そら》を見上《みあ》げた。あの日《ひ》と同《おな》じ、桜《さくら》が咲《さ》いている。

「これからも、ずっとここで、わたしは駅《えき》に来《く》る人《ひと》たちを迎《むか》えよう。そして、大好《だいす》きな人《ひと》たちとこの駅《えき》を見守《みまも》ろう」

社長《しゃちょう》さんの腕《うで》の中《なか》で、わたしはもう一度《いちど》、小《ちい》さな声《こえ》で「にゃあ」と鳴《な》いた。

あとがき

「世《よ》にも不思議《ふしぎ》な物語《ものがたり》」といいますが、三毛猫《みけねこ》のたまちゃんに会《あ》った時《とき》から約《やく》十年間《ねんかん》は不思議《しぎ》なことが次《つぎ》から次《つぎ》へと起《お》こって、あっという間《ま》にオンボロのびんぼうな鉄道《てつどう》が日本中《にほんじゅう》、世界中《せかいじゅう》で有名《ゆうめい》になり、楽《たの》しい楽《たの》しい一時《ひととき》をいっしょに過《す》ごすことができました。

その十年間《ねんかん》に起《お》こったいろいろなできごとを、主人公《しゅじんこう》・たまちゃんと、その話《はな》し相手《あいて》として、たまちゃんと大《だい》の仲良《なかよ》しだった、お向《む》かいのたこ焼《や》き屋《や》のワンちゃん「レオ」と、いつもしっぽをフリフリしていたセキレイの「おまっちゃん」が務《つと》めてくれました。

私《わたし》はたまちゃんを猫《ねこ》と思《おも》ったことはありませんし、たまちゃんも私《わたし》を同《おな》じ仲間《なかま》だと思《おも》ってくれていたようです。たまちゃんは私《わたし》の言《い》っていること、思《おも》っていることをわかってくれていましたし、私《わたし》もたまちゃんの言《い》っていることも考《かんが》えていることも多《おお》くはわかっていました。本当《ほんとう》に息《いき》の合《あ》ったコンビとしていっしょに仕事《しごと》ができました。

ちょっと心残《こころのこ》りなのは、病院《びょういん》にお見舞《みま》いに行《い》った際《さい》、たまちゃんが「抱《だ》っこして！」と両手《りょうて》をさし出《だ》したときに抱《だ》いてあげられなかったことですが、それも、私《わたし》が思《おも》い出《だ》して悲《かな》しんでいるときに、たま大明神《だいみょうじん》という神様《かみさま》になって抱《だ》っこさせてくれる思《おも》いやりを見《み》せてくれました。

たまちゃんはびんぼうな鉄道《てつどう》の駅長《えきちょう》さんのお仕事《しごと》が大好《だいす》きで、いつもお客様《きゃくさま》に楽《たの》しんでいただくとうれしそうにしていました。だんだん偉《えら》くなると、ちょっとお仕事《しごと》をサボったりしましたが、私《わたし》の目《め》の前《まえ》ではバレないように、せっせ、せっせと帽子《ぼうし》をうれしそうにかぶってお仕事《しごと》をして見《み》せてくれました。お仕事《しごと》をサボったのが見《み》つかると、シマッタ！というバツの悪《わる》そうな顔《かお》をしたのも、本当《ほんとう》にかわいい仕草《しぐさ》でした。

このたまちゃんのお話《はなし》を書《か》いている間《あいだ》も、たまちゃんの思《おも》い出《で》が次《つぎ》から次《つぎ》へと浮《う》かんできて、「もっとこれも書《か》いてニャン！」という声《こえ》が聞《き》こえてくるようでした。

ニャンとこの二月《がつ》には、和歌山県《わかやまけん》の名声《めいせい》を内外《ないがい》に広《ひろ》めた功績《こうせき》をたたえる「和歌山殿堂《わかやまでんどう》」が創設《そうせつ》され、たま名誉永久駅長《めいよえいきゅうえきちょう》が第《だい》一号《ごう》の殿堂入《でんどうい》りを果《は》たしました。続《つづ》いて、関西大学《かんさいだいがく》の宮本先生《みやもとせんせい》が「ねこブームの火付《ひつ》け役《やく》」はたま駅長《えきちょう》だとして「ネコノミクス」という言葉《ことば》も生《う》まれました。

びんぼうで、なくなる寸前《すんぜん》だった地方鉄道《ちほうてつどう》に奇跡《きせき》を起《お》こして救《すく》い、猫《ねこ》の可愛《かわい》さや素晴《すば》らしさに気《き》づかせて、犬《いぬ》が大人気《だいにんき》の時代《じだい》から猫《ねこ》の時代《じだい》を切《き》り開《ひら》いてくれて、鉄道《てつどう》も猫《ねこ》ちゃんも、ともにたまちゃんに感謝《かんしゃ》です。

読《よ》んでくださった皆《みな》さんにも、たまちゃんの心《こころ》のこもったこのお話《はなし》「おもしろかったニャゴか？」、「貴志駅《きしえき》のたま神社《じんじゃ》で待《ま》ってるニャン！」という声《こえ》が聞《き》こえてくるかもしれません。

皆《みな》さんもニャンちゃんやワンちゃんを可愛《かわい》がってね！

この物語《ものがたり》を最愛《さいあい》のパートナーだったたまちゃんと、たまちゃんをいっしょうけんめい育《そだ》ててくれた「おかあさん」の住友《すみとも》さん、そして、たまちゃんを心《こころ》から愛《あい》し、可愛《かわい》がってくださった皆《みな》さんに捧《ささ》げます。

たま大明神《だいみょうじん》の氏子《うじこ》より

角川つばさ文庫

小嶋光信／作

1945年東京都生まれ。慶應義塾大学経済学部卒業。両備グループ代表・CEO。同グループの多くの社長を務め、ひと呼んで「地方公共交通の再生請負人」。2005年、和歌山電鐵を設立し、「たま駅長」などの面白いアイデアで再建を進める。和歌山電鐵ホームページ http://www.wakayama-dentetsu.co.jp

永地／挿絵

2006年講談社主催MGPグランプリ受賞。アメリカや日本で活躍中の漫画家。好きなものは図鑑と動物とヒーローコミックス。主な作品に、「サトミちゃんち」シリーズ、「ねこまた妖怪伝」シリーズ（すべて角川つばさ文庫）などがある。

編集協力／和田奈津子
写真／小嶋光信、山木慶子

角川《かどかわ》つばさ文庫《ぶんこ》　Dこ3-1

ねこの駅長《えきちょう》たま

びんぼう電車《でんしゃ》をすくったねこ

作《さく》　小嶋光信《こじまみつのぶ》
挿絵《さしえ》　永地《えいち》

2016年7月15日　初版発行
2017年8月30日　12版発行

発行者　郡司 聡
発　行　株式会社KADOKAWA
〒102-8177　東京都千代田区富士見 2-13-3
電話　0570-002-301（カスタマーサポート・ナビダイヤル）
受付時間　9:00 ～ 17:00（土日 祝日 年末年始を除く）
http://www.kadokawa.co.jp/
印　刷　暁印刷
製　本　BBC
装　丁　ムシカゴグラフィクス

ISBN978-4-04-631598-4　C8295　N.D.C.916　159p　18cm

読者のみなさまからのお便りをお待ちしています。下のあて先まで送ってね。
いただいたお便りは、編集部から著者へおわたしいたします。

〒102-8078　東京都千代田区富士見 1-8-19　角川つばさ文庫編集部